DETAIL Praxis

Trockenbau

Grundlagen
Details
Beispiele

Karsten Tichelmann
Jochen Pfau

Edition Detail

Autoren:
Karsten Tichelmann, Prof. Dr.-Ing.
Jochen Pfau, Prof. Dr.-Ing.

Projektleitung:
Nicola Kollmann, Dipl.-Ing.

Redaktionelle Mitarbeit:
Gabriela Beck; Astrid Donnert, Dipl.-Ing.;
Florian Krainer; Nicole Tietze, M.A.

Zeichnungen:
Caroline Hörger Dipl.-Ing.; Claudia Hupfloher Dipl.-Ing.

© 2007 Institut für internationale
Architektur-Dokumentation GmbH & Co. KG, München
Ein Fachbuch aus der Redaktion DETAIL

ISBN: 978-3-920034-21-8

Gedruckt auf säurefreiem Papier, hergestellt aus chlorfrei gebleichtem Zellstoff.
Alle Rechte vorbehalten, einschließlich das des auszugsweisen Abdrucks, der Übersetzung,
der fotomechanischen Wiedergabe und der Mikrokopie. Die Übernahme des Inhalts und der
Darstellungen, ganz oder teilweise, in Datenbanken und Expertensysteme, ist untersagt.

DTP & Produktion:
Peter Gensmantel, Andrea Linke, Roswitha Siegler, Simone Soesters

Druck:
Aumüller Druck, Regensburg
1. Auflage 2007

Institut für internationale
Architektur-Dokumentation GmbH & Co. KG
Sonnenstraße 17, D-80331 München
Telefon: +49/89/38 16 20-0
Telefax: +49/89/39 86 70
www.detail.de

DETAIL Praxis
Trockenbau

Inhalt

7	*Einführung*
11	*Baustoffe im Trockenbau*
	Grundlagen der Planung und Konstruktion
	Wandsysteme
22	Wandsysteme im Trockenbau
25	Statisch-konstruktive Anforderungen an nicht tragende leichte Trennwände
27	Bauphysikalische Anforderungen
31	Anschlüsse und Details
	Deckensysteme
40	Bauteile und Aufbau
41	Anforderungen an die Ausführung
42	Einsatzbereiche
43	Deckensysteme aus Gipsbauplatten
48	Systeme mit gerasterter Deckenfläche
55	Kühldecken
	Bodensysteme
56	Trockenunterböden
60	Hohlraumbodensysteme
60	Doppelbodensysteme
64	Mechanische Anforderungen an Systemböden
65	Thermische und hygrische Anforderungen
65	Akustische Anforderungen
66	Anforderungen an den Brandschutz
68	Elektrostatische Anforderungen
	Brandschutzbekleidungen
69	Träger- und Stützenbekleidungen
70	Lüftungs-, Kabel- und Installationskanäle
	Gestaltung und Oberflächen
75	Von ebenen Flächen zu freien Formen
79	Oberflächenanforderungen und Oberflächengüte
83	Bäder und Feuchträume
	Ausführungsbeispiele Trockenbau
91	Übersicht
92	Präsentationszentrum in Bad Driburg
95	Architekturinstallation und Berlinale-Lounge in Berlin
96	Arztpraxis in Frankfurt
97	Synagoge in Bochum
98	Zahnarztpraxis in Berlin
102	Dachaufbau in Frankfurt
105	Museum in Herford
	Anhang
107	Normen, Richtlinien
108	Verbände, Hersteller, Literatur
110	Sachregister
112	Bildnachweis

Einführung

»Es gibt keine zwangsläufige Ablehnung von Trocken- und Leichtbauweisen. Aber es zeigten sich riesige weiße Flecken auf der Landkarte des baulichen Denkens – bei Laien, aber auch bei Planern und Architekten. Nicht das »Leicht« ist das Problem, sondern das Unwissen von den Vorzügen des Leichten.« Karsten Tichelmann

Aspekte zum Trockenbau
Der wachsende Einsatz von Trockenbausystemen im Bauwesen begründet sich in der Vielzahl der Vorzüge dieser Systeme. Dies sind vor allem die kurze Bauzeit, die hohe Wirtschaftlichkeit, die bauphysikalische Überlegenheit – vor allem in den Bereichen des Schall- und Brandschutzes gegenüber massiven Konstruktionen bei gleicher Bauteildicke. Weitere Vorteile: die hohe Installationsfreundlichkeit und Integrationsfähigkeit von flächenbündigen Ausbauelementen wie Beleuchtungskörper, Lautsprecher, Meldeanlagen und Sensorik sowie die nahezu grenzenlose Gestaltungsfreiheit dieser Systeme. Dabei können Form- und Oberflächenbeschaffenheiten den gestalterischen Ansprüchen individuell angepasst werden.

Der Ansatz, die zu bewegenden Massen zu minimieren, der im Fahrzeugbau, im Schiffs- und Flugzeugbau zu einer hoch entwickelten Leichtbautechnik führte, war im Bauwesen bis auf die Ausnahme weniger mobiler oder temporärer Bauwerke bedeutungslos. Dabei zeigt die Betrachtung natürlicher Konstruktionen und hochleistungsfähiger technischer Gebilde folgende Gemeinsamkeiten: die Sparsamkeit in der Verwendung der Mittel, eine hohe funktionale Effizienz und die Sorgfältigkeit in der Verarbeitung. Erfasst man die Qualität dieser Prinzipien, so erwächst hieraus eine Geisteshaltung, der auch und gerade in der aktuellen Architekturdiskussion eine besondere Bedeutung zukommt.

Die ökonomischen, ökologischen, technologischen und sozialen Entwicklungen führen dazu, dass auch der zukunftsfähige Ausbau von Gebäuden unter dem Aspekt der Leichtigkeit und Veränderbarkeit geplant werden muss. Dadurch verbindet sich der Anspruch nach architektonischer Gestalt mit einer wirtschaftlichen Bauweise und der Verringerung des Materialaufwands. Dieser Anspruch richtet sich auch maßgeblich an raumbildende Innenausbauten von Gebäuden jeglicher Art – unabhängig davon, ob es sich um erstmalig errichtete Gebäude handelt oder um das Bauen im Bestand. Unter diesem Aspekt spielt der Trockenbau eine bedeutende Rolle, heute und in wachsendem Maße in der Zukunft.

Trocken- und Leichtbauweisen werden wesentliche Beiträge leisten. Diese sind erst am Beginn einer Entwicklung, die sich heute schon mit einer Geschwindigkeit darstellt, dass wir bald typenfremde Aufgaben mit zunehmenden Verbund- und Werkstoffoptimierungen lösen werden können (z. B. adaptive Systeme, »selbstheilende« Systeme, klimaregulierende und schadstoffabbauende Ausbaukonstruktionen). Unter Trockenbausystemen werden leichte Hohlraumkonstruktionen verstanden, die den technologischen Prinzipien des Leichtbaus folgen. Man spricht daher im Trockenbau von Systemen und weniger von Bauteilen, von Halbwerkzeugen und Bauprodukten anstelle von Baustoffen, von Montageabläufen anstatt von Bauen oder Bauprozessen.

Der Einsatz funktionsoptimierter Systeme in Trocken- und Leichtbauweise geht in der Regel mit Flächengewinnen und einer höheren Nutzungsflexibilität einher. Diese sogenannten Soft Skills dieser Bauweise wurden in der Vergangenheit unterschätzt. Beispielsweise lässt sich der

Einführung

Großteil der Gebäude, die im Zeitraum von 1950 bis 1995 errichtet wurden, nicht nachhaltig nutzen, zunehmend schwer vermieten oder veräußern. Die damals akzeptablen starren, kleinzelligen Raumprogramme werden heute von Nutzern und Käufern nicht mehr angenommen. Eine Veränderung von Raumgrößen lässt sich nur mit kostenintensiven Eingriffen in die massive Bausubstanz durchführen. Einhergehend mit einer zunehmenden Nachverdichtung wachsen jedoch die Ansprüche an Individualität und freier Entfaltung von Wohn- und Bürokulturen. Die Art der Gebäudenutzung wird zunehmend individualisiert, Schlagworte wie »Living Work« und »work@living« verdeutlichen diese Entwicklung. Auf die mit diesem Wandel verbundenen Anforderungen müssen die Gebäude reagieren können.

Bedingt durch ihre bauphysikalischen Eigenschaften und ein differentes bauphysikalisches Verhalten unterscheiden sich Systeme in Trockenbauweise technologisch und konstruktiv grundlegend von Massivbauteilen. Die leichtbauspezifischen Eigenschaften des Trockenbaus müssen verstanden werden, wenn die hohe Leistungsfähigkeit der Bauweise ausgeschöpft werden soll. Das Ergebnis ist ein sehr wirtschaftliches, qualitativ hochwertiges Gebäude mit überlegenen technischen und bauphysikalischen Eigenschaften. Weitere bedeutende Kriterien zur Bewertung einer Bauweise sind z. B. die Bauteildicke, das Gewicht, die Bauzeiten und die nachträgliche Adaption veränderter Anforderungen. Diese Eigenschaften unterliegen keinen unmittelbaren gesetzlichen Anforderungen. Trotzdem kommt ihnen eine große Bedeutung bei der Auswahl einer Bauweise zu, da sie in direktem Zusammenhang zu den Baukosten, der Effizienz und der Wirtschaftlichkeit eines Gebäudes stehen.

Auch bezüglich dieser Kriterien sind Trockenbauweisen im Ausbau massiven Konstruktionen überlegen.

Trockenbausysteme sind in besonderem Maße geeignet, kombinierte bauphysikalische Anforderungen wie Schall- und Brandschutz, Feuchte- und Wärmeschutz zu erfüllen. Je nach Wahl des Systems, der Unterkonstruktion, der Dämmstoffe und der Plattenwerkstoffe können die geforderten bauphysikalischen Eigenschaften durch eine Vielzahl von Konstruktionen erreicht werden. Wegen des zusammengesetzten Aufbaus kann durch Ändern oder Hinzufügen eines Elements, beispielsweise einer weiteren Plattenbekleidung oder eines anderen Plattenwerkstoffs, eine verbesserte bauphysikalische Eigenschaft erreicht werden.

Weiterhin können Trockenbausysteme additiv zu bereits bestehenden Konstruktionen eingesetzt werden, um deren Eigenschaften gezielt zu verbessern. Dies ist von besonderer Bedeutung bei Bauaufgaben der Nachverdichtung (Aufstockungen, Erweiterungen, Anbauten) und Veränderung bestehender Gebäude. Durch das geringe Gewicht können lastabtragende Bauteile, im Vergleich zu einem Ausbau mit massiven Bauteilen, wirtschaftlicher bemessen werden. Eine deutliche Massenreduzierung bei gleichzeitig besseren Schall- und Wärmeschutzeigenschaften lässt sich vor allem im Bereich der Wandsysteme (Trennwände, Außenwände und Fassade) erzielen.

Das Entwerfen leichter Ausbaukonstruktionen ist auch immer ein Entwerfen multifunktionaler Konstruktionen. Die Reduktion des Anspruchs an das Gebaute auf eine Bestimmung ist prinzipiell nicht zeitgemäß. Selbst scheinbar rein funktionale Bauteile wie nicht tragende Trennwände, Unterdeckensysteme, Hohlraumbodensysteme oder Brandschutzbekleidungen haben mehr als die eine bezeichnete Aufgabe zu erfüllen: Sie sind stets Bestandteil eines Gebäudekonzepts und stehen immer in Wechselwirkung mit dem Raum, korrespondieren mit allen anderen raumbildenden Konstruktionen, gestalterisch und technologisch. Sie stellen somit nicht nur die Erfüllung eines (monofunktionalen) Zwecks dar, sondern auch eine Veränderung der Umgebung, ein architektonisches Zeichen, eine optische Masse, Licht, Farbe und Schatten. Insofern gibt es keine Unterteilbarkeit in mono- und multifunktionale, in wichtige und weniger wichtige Konstruktionen – nur die Notwendigkeit, sich mit neuen Entwicklungen und deren Einfluss auf das eigene Handeln auseinanderzusetzen. Der Trockenbau als eine Form das leichte und trockene Bauen zu verbinden, ist nicht neu, wohl aber sein Einfluss auf den Wohnungsbau mit den scheinbar nicht erkannten Vorteilen und Möglichkeiten.

Konstruktionsprinzipien des Trockenbaus

Es gibt drei grundlegende Prinzipien, auf denen Trockenbausysteme basieren und die auf unterschiedliche Art miteinander kombiniert werden:
- Materialleichtbau
- Strukturleichtbau
- Systemleichtbau

Materialleichtbau
Unter Materialleichtbau versteht man die Verwendung von Baustoffen mit niedrigem spezifischem Gewicht. Dabei muss man das spezifische Gewicht in das Verhältnis zur Beanspruchbarkeit des Werkstoffs setzen. Bei den Trockenbauwerkstoffen wie dünnen Blechen, Platten- und Holzwerkstoffen erfolgt diese Bewertung nicht nur gegen Spitzenwerte der Beanspruchung, sondern vorrangig im Hinblick auf ständig vorhandene Lasten so-

Einführung

wie Krieeffekte und Steifigkeitsverluste. Vor allem durch den Verbund verschiedener Baustoffe werden Trockenbaukonstruktionen wesentlich leistungsfähiger als dies die Betrachtung der einzelnen Baustoffe erwarten lässt (s. Systemleichtbau).

Strukturleichtbau
Geht man von der Ebene der Baustoffe über zu der aus ihnen zusammengesetzten Konstruktionen und Systemen, so stellt hier der Strukturleichtbau die Aufgabe, eine gegebene Beanspruchung mit einem Minimum an Eigengewicht der Konstruktion aufzunehmen. Vorrangig sind dies mechanische Beanspruchungen, bei denen geeignete Kräftepfade innerhalb eines üblicherweise durch Restriktionen beschränkten Entwurfsraums zu entwickeln sind. Grundsätzlich lässt sich dies aber auf alle Arten von Beanspruchungen übertragen, die auf Trockenbausysteme einwirken können (Feuer, Schall, Wärme, Strahlung, elektromagnetische Felder usw.). Strukturleichtbau bedeutet somit die Lösung eines Minimierungs-, d.h. Optimierungsproblems bei einer Reihe von vorgegebenen Randbedingungen (Beanspruchung, funktionale Flächen- und Raumanforderungen, Belichtungsanforderungen usw.).

Der Wahl der system-, struktur- und formbestimmenden Beanspruchung fällt damit eine grundlegende Bedeutung zu. Bei massiven Konstruktionen ist überwiegend die Tragfähigkeit und statische Beanspruchung durch das Eigengewicht die dominante und die Geometrie bestimmende Einwirkung. Aus heutiger Sicht ist es angebracht, die Genauigkeit einer Strukturoptimierung zugunsten der Berücksichtigung architektonischer und konstruktiver Gesichtspunkte und ihrer gegenseitigen Abhängigkeit zu relativieren.

Systemleichtbau
Unter Systemleichtbau versteht man das Prinzip, in einem Bauteil neben der lastabtragenden Funktion auch noch andere, wie z.B. Raumabschluss, Schallschutz, Feuerwiderstand etc., zu vereinigen. Ein derartiges Prinzip wird im Bauwesen schon immer unausgesprochen und selbstverständlich für eine Reihe von Bauteilen angewendet: Trockenbausysteme für Wände und Deckenelemente sind solche multifunktionalen Elemente.

Die Entwicklung in der Trocken- und Leichtbauweise hat zu komplexen Bauelementen geführt, bei denen aus funktionstechnischen Gründen eine Addition von Baustoffschichten mit oftmals grundsätzlich unterschiedlichen mechanischen und bauphysikalischen Kennwerten erforderlich ist. In vielen Fällen lässt sich die Kombination verschiedener Materialtypen bzw. Baustoffkomponenten auch in statischer Hinsicht ausnutzen. Durch Verbindung von dünnen Stahlblechprofilen mit funktionsoptimierten Plattenwerkstoffen (z.B. Gips- oder Holzwerkstoffplatten) lassen sich sehr einfach großflächige, selbsttragende und raumabschließende Verbundkonstruktionen erzeugen.

Bewusstes Entwerfen und Planen bedeutet die Anordnung der unter einer Vielzahl von Parametern optimal geeigneten Baustoffe an entsprechender Stelle (Verknüpfung von Material- und Systemleichtbau), was unweigerlich zu Trockenbausystemen führt.

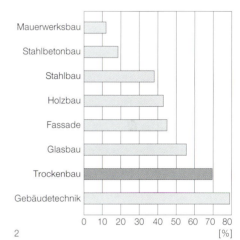

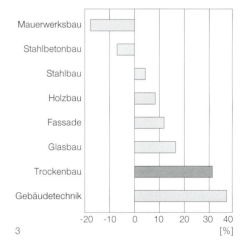

1 Pinakothek der Moderne, München 2002, Stephan Braunfels
2 Innovationspotenzial verschiedener Bauweisen in % bezogen auf den heutigen Entwicklungsstand
 Quelle: VHT-Studie »FutureTrend«, Stand 2007
3 Prognose: Marktveränderung verschiedener Bauarten und -weisen in % bis 2015
 Quelle: VHT-Studie »FutureTrend«, Stand 2007

Baustoffe im Trockenbau

Trockenbausysteme für die verschiedenen Einsatzbereiche Wand, Decke und Boden sind prinzipiell ähnlich aufgebaut. Gemeinsam ist den Systemen der Grundaufbau aus Unterkonstruktion, oberflächenbildender Bekleidung und meist einer Dämmschicht im Hohlraum. Als weitere Baustoffe werden Befestigungsmittel, spezielle Verbindungs- und Anschlusselemente, Spachtel- und Klebemassen, Folien und produktspezifisches Zubehör eingesetzt. Die physikalischen Eigenschaften einer Trockenbaukonstruktion resultieren aus dem Zusammenwirken der einzelnen Komponenten.

Baustoffe für die Unterkonstruktion

Aus Stabilitätsgründen (Begrenzung der Verformung) benötigen Bauteile aus dünnen Platten eine aussteifende Unterkonstruktion, wenn sie nicht durch Kleben oder flächiges Anheften mit dem Untergrund verbunden sind. Abmessung, Art und Abstand der Unterkonstruktion bestimmen in Zusammenwirkung mit der Beplankung und deren Befestigung die statischen Eigenschaften des Bauteils (z.B. Durchbiegung) und beeinflussen zudem dessen Schall- und Brandschutz.

Metallprofile

Metallprofile bilden die übliche Unterkonstruktion in fast allen Trockenbausystemen wie Vorsatzschalen, Ständerwände, Deckenbekleidungen und Unterdecken. Die Profile werden für die Verarbeitung von Gipsbauplatten und Holzwerkstoffplatten sowie weiterer Plattenwerkstoffe als Unterkonstruktion verwendet. Im Allgemeinen haben die Profile einen u-förmigen Querschnitt.

Metallprofile für Decke oder Wand nach DIN 18182-1 (zukünftig EN 14195) werden aus korrosionsgeschütztem (verzinktem), dünnwandigem Stahl durch Kaltverformung hergestellt. Die Profile sind nach DIN 18182-1 mit einer Verzinkungsauflage von mindestens 100 g/m² versehen, was einer einseitigen Schichtdicke von 7 µm entspricht. Damit ist auch ein ausreichender Schutz der Schnittkanten der Profile gegeben. Für den Einbau im Freien und für Bauteile, zu denen die Außenluft ständig Zugang hat (z.B. offene Hallen) ist eine dickere Verzinkungsauflage vorgeschrieben. Für Fälle mit besonders korrosionsfördernden Einflüssen (z.B. Chlorgas in Schwimmbädern) sind zusätzliche Maßnahmen zu ergreifen, in der Regel kommen hier organische Beschichtungen zum Einsatz.

Die Regelblechdicken der Profile betragen 0,6 mm, 0,75 mm bzw. 1,0 mm. Aussteifungsprofile für Wandöffnungen, Türzargen etc. sind gewöhnlich 2 mm dick. Weitere Profilabmessungen und Blechdicken sind in DIN 18182-1 zu finden (s. Tabelle T1).

- CW-Profile (= C-Ständerprofile für Wände) sind zur Aussteifung am Ende der Profilflansche umbördelt. Sie weisen gewöhnlich im Stegbereich Ausstanzungen für die Durchführung von Installationsleitungen auf. Je Ständer ist bei Wandhöhen ≤ 3 m ein Ausschnitt in

T1: Standardprofile aus Metall – Abmessungen und Formen gemäß DIN 18182-1

Profilart	Profil-Kurzzeichen [Nenn-Steghöhe × Nenn-Blechdicke]	Steghöhe h [mm] (± 0,2 mm)	Flanschbreite b [mm]
Beispiel für C-Wandprofil mit verschiedenen ausgebildeten Umbördelungen Bennennung CW	CW 50 × 06 (07, 10)	48,8	
	CW 75 × 06 (07, 10)	73,8	50 ± 3,0
	CW 100 × 06 (07, 10)	98,8	
Beispiel für ein U-Wandprofil Benennung UW	UW 30 × 06	30	40 ± 0,2
	UW 50 × 06	50	40 ± 0,2
	UW 75 × 06	75	40 ± 0,2
	UW 100 × 06	100	40 ± 0,2
Beispiel für ein U-Aussteifungsprofil Benennung UA	UA 50 × 20	48,8	40 ± 1,0
	UA 75 × 20	73,8	40 ± 1,0
	UA 100 × 20	98,8	40 ± 1,0
Beispiel für ein Wandinneneckprofil Benennung LWi	LWi 60 × 0,6	60	60 ± 0,2
Beispiel für ein Wandaußeneckprofil Benennung LWa	LWa 60 × 0,6	60	60 ± 0,2
Beispiel für ein C-Deckenprofil Benennung CD	CD 48 × 0,6	48	27 ± 0,2
	CD 60 × 0,6	60	

Baustoffe im Trockenbau
für Beplankung und Decklage

1 Bekleidung mit Gipsplatten, Sammlung Frieder Burda, Baden-Baden 2004, Richard Meier
2 Längskantenausbildung von Gipskartonplatten nach DIN 18180
  a abgeflachte Kante (AK)
    bei Verspachtelung der Fugen, das Abflachen dient zur Aufnahme der Fugenverspachtelung
  b volle Kante (VK)
    vorwiegend zur Trockenmontage ohne Verspachtelung
  c runde Kante (RK)
    vorwiegend bei Putzträgerplatten
  d halbrunde Kante (HRK)
    zur Verspachtelung ohne Bewehrungsstreifen
  e halbrunde abgeflachte Kante (HRAK)
    zur Verspachtelung mit oder ohne Bewehrungsstreifen
3 gelochte Akustikdecke aus Gipsplatten, Polizei- und Feuerwache, Berlin 2004, Sauerbruch Hutton

dessen oberem und unterem Drittel möglich, die maximale Seitenlänge des Ausschnitts (Höhe und Breite) darf die Steghöhe nicht überschreiten.
Der Flansch der CW-Profile dient als Auflagefläche für die Bauplatten und ist deshalb mindestens 48 mm breit, um die auf dem Flansch gestoßenen Platten problemlos befestigen zu können. Die Steghöhe des CW-Profils ist so gestaltet, dass es in das UW-Profil eingestellt werden kann.
- UW-Profile (= U-Anschlussprofile für Wände) sind ohne Abkantung oben offen, damit CW-Profile eingesteckt werden können.
- UA-Profile (= U-Aussteifungsprofile) sind ohne Abkantung oben offen, sie weisen eine Blechdicke von 2 mm auf und dienen zur Aussteifung von Wandöffnungen, Türzargen etc.
- CD-Profile (C-Profile für Decken) sind zur Aufnahme des Abhängers am Ende der Profilflansche umgebogen oder abgeknickt. Die Anschlussbreite für die Decklage (Stegbreite) muss mindestens 48 mm betragen. Für gewölbte Deckenformen werden gebogene Deckenprofile eingesetzt.
- UD-Profile (= U-Anschlussprofile für Decken) sind ohne Abkantung oben offen, damit CD-Profile eingesteckt werden können.
- Wandinneneckprofile LWi oder Wandaußeneckprofile LWa dienen zur Ausbildung von Wandabzweigungen.

Eine Vielzahl weiterer Profile findet für unterschiedliche Einsatzbereiche im Trockenbau Anwendung. Im Bereich Decke existieren verschiedene Klemmschienen, Federschienen, T- und Z-Profile sowie Einlege-, Trag-, Weitspann-, Bandraster- und Anschlussprofile.

Vollholz
Das für Unterkonstruktionen aus Holz verwendete Nadelholz muss der Sortierklasse S10 nach DIN 4074-1, Schnittklasse S (scharfkantig), entsprechen. Das Holz sollte beim Einbau einen den Baubedingungen entsprechenden Feuchtegehalt haben; eine Holzfeuchte von 20 % sollte nicht überschritten werden, um trocknungsbedingte Verformungen zu vermeiden. Übliche Holzquerschnitte sind in Tabelle T2 aufgeführt.

Nach DIN 68800-2 sind grundsätzlich Konstruktionen ohne chemischen Holzschutz zu bevorzugen, wenn sie durch bauliche Maßnahmen in die Gefährdungsklasse 0 eingestuft werden können. Dies ist bei Wand-, Dach- und Deckenkonstruktionen im Allgemeinen möglich. In Räumen hingegen, in denen aufgrund der Nutzung eine Holzfeuchte von mehr als 20 % zu erwarten ist (Schwimmbäder, Schlachthäuser o. Ä.), sollte ein chemischer Holzschutz unter Beachtung der DIN 68800 vorgenommen werden.

Baustoffe für Beplankung und Decklage

Die oberflächenbildenden Bauteile wirken direkt auf den an sie grenzenden Raum (Behaglichkeit, Raumklima), werden aber andererseits auch unmittelbar durch die Bedingungen im Raum (Feuchtigkeit, mechanische Belastungen, Beflammung etc.) beeinflusst. Wohnbiologisch wichtige Bauteileigenschaften wie Feuchtigkeitsausgleich, Wärmespeicherung usw. sind in erster Linie Eigenschaften der Bauteiloberfläche.
Aus statischer Sicht erfüllt die raumabschließende Bekleidung die Aufgabe der aussteifenden und knicklängenreduzierenden Beplankung für die Unterkonstruktion. Durch die Verbindung der Beplankung mit der Unterkonstruktion über mechanische Befestigungsmittel entsteht eine Verbundkonstruktion, die eine vielfach höhere Tragfähigkeit als die Einzelbauteile aufweist.

Gipsgebundene Plattenwerkstoffe
Gipsgebundene Plattenwerkstoffe, auch Gipsbauplatten (Gipskarton- und Gipsfaserplatten) genannt, sind die im Ausbau am weitesten verbreiteten Bauplatten. Dies liegt an ihren günstigen bauphysikalischen und baubiologischen Eigenschaften, der ausreichenden Festigkeit, ihrer einfachen Verarbeitung und dem breiten Einsatzspektrum, unter anderem auch im Schall-, Brand-, Feuchte- und Wärmeschutz sowie zur Konstruktionsaussteifung. Die Materialeigenschaften sind durch Zuschläge und Füllstoffe beeinflussbar. Zudem stellt die leichte Formbarkeit und die kurze Erhärtungszeit von Gipsbaustoffen eine gute Voraussetzung für die industrielle Produktion von Bauplatten dar.

Gipsbauplatten enthalten chemisch gebundenes Wasser. Im Brandfall wird dieses Kristallwasser als Wasserdampf freigesetzt. Dadurch verharrt die Temperatur auf der Plattenrückseite im Bereich von 100 °C, die Brandeinwirkung auf dahinter liegende Bauteile wird verzögert.

Die Porosität der Gipsbauplatten bedingt die günstigen baubiologischen Eigenschaften. Der hohe Anteil von Makroporen ermöglicht eine sehr schnelle Aufnahme und Abgabe von Wasser in flüssiger sowie in gasförmiger Form. Diese Porosität ist verantwortlich für die günstigen feuchtigkeitsregulierenden Eigenschaften von Gipsbauplatten. Unter der Voraussetzung einer diffusionsoffenen Beschichtung nimmt Gips bei hoher Luftfeuchtigkeit größere Mengen Feuchtigkeit auf, bei trockener Luft gibt er die zuvor gespeicherte Feuchtigkeit wieder ab.

Baustoffe im Trockenbau
für Beplankung und Decklage

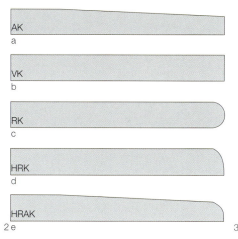

Gipskartonplatten (Gipsplatten)

Anmerkung: Künftig wird man anstelle der bisher üblichen Bezeichnung Gipskartonplatte in zunehmendem Maße dem Begriff »Gipsplatte« begegnen. Der neue Begriff geht auf die europäische Norm EN 520 zurück, in welcher die Gipsplatten zukünftig geregelt sind. Die alte nationale Norm DIN 18180 bleibt als Restnorm erhalten – dadurch auch die gewohnten Kurzbezeichnungen und Kennzeichnungen der Platten.

Plattentypen und Verwendung
Die auf einem Band gefertigten Gipskartonplatten bestehen aus einem Gipskern, der einschließlich der Längskanten mit Karton ummantelt ist, während die geschnittenen Querkanten den Gipskern zeigen. Die verfügbaren Nenndicken der Platten betragen 9,5 mm, 12,5 mm, 15 mm, 18 mm, 20 mm und 25 mm. Durch das Fertigungsband ist die Plattenbreite begrenzt. Die Regelbreite beträgt 1250 mm, Platten ab 20 mm Dicke haben eine Regelbreite von 600 mm (Abb. 2).

Für verschiedene Verwendungszwecke gibt es gemäß EN 520 / DIN 18180 unterschiedliche Plattentypen, die sich durch den äußeren Karton und Zusätze im Gipskern unterscheiden. Die Bezeichnung der Plattenarten nach EN 520, die den Plattentypen nach DIN 18180 in etwa entsprechen, ist nachfolgend in Klammern aufgeführt. Die Plattentypen sind in Tabelle T4 gegenübergestellt.

- Gipskartonbauplatten GKB (Typ A) Standardplatte für Wand-, Decken-, Dach- und Bauteilbekleidungen (Karton weißgrau, Beschriftung blau)
- Gipskartonbauplatten-imprägniert GKBI (Typ H) für Anwendungsbereiche der Bauplatten, jedoch mit einer verzögerten Wasseraufnahme; Verwendung insbesondere in Feuchträumen (Küchen, Bäder usw.) sowie als Untergrund für Verfliesungen (Karton grün, Beschriftung blau)
- Gipskarton-Feuerschutzplatten GKF (Typ DF) für Anwendungsbereiche der Bauplatten, jedoch mit Anforderungen an die Feuerwiderstandsdauer der Bauteile (Karton weißgrau, Beschriftung rot)
- Gipskarton-Feuerschutzplatten-imprägniert GKFI (Typ DFH) für Anwendungsbereiche der Gipskarton-Feuerschutzplatten, jedoch mit einer verzögerten Wasseraufnahme (Karton grün, Beschriftung rot)
- Gipskarton-Putzträgerplatten GKP (Typ P), Dicke 9,5 mm
- Gipskartonstatikplatten/Hartgipsplatten (Typ R, Typ I) für Anwendungen, die eine erhöhte Festigkeit und Oberflächenhärte der Platten erfordern. Diese wird meist durch eine höhere Plattenrohdichte, Zusätze im Gipskern sowie einen Karton höherer Festigkeit erreicht.
- Gipskarton-Schallschutzplatten entsprechen, je nach Ausführung, den oben aufgeführten Plattentypen. Durch ihre Zusammensetzung weisen sie darüber hinaus Eigenschaften auf (z. B. hohe Biegeweichheit), die sie für Schallschutzaufgaben besonders geeignet machen. Die Gipskarton-Schallschutzplatten sind herstellerspezifisch und nur nach den entsprechenden Prüfzeugnissen der Hersteller einzusetzen.
- Gipskartonlochplatten tragen zu einer raumspezifischen Nachhallzeitregelung bei. Wegen ihrer unterschiedlichen Perforationsmuster werden sie oft, unabhängig von ihren akustischen Eigenschaften, als besonderes Gestaltungsmittel für den Deckenbereich eingesetzt.

Gipsgebundene Platten sind »oberflächenwarme« Baustoffe und diesbezüglich mit Holz vergleichbar. Eine thermische Behaglichkeit wird erreicht, da der Wärmeverlust eines Körpers durch die niedrige Wärmeeindringzahl der Gipsbauplatte gering ist. Trotz gleicher Oberflächentemperatur fühlt sich eine mit Gipsbauplatten bekleidete Wand wärmer an als beispielsweise eine massive Beton- oder Kalksandsteinwand oder eine mit traditionellen Innenbaustoffen (z B. Kalkputze oder Kalkzementputze) behandelte Oberfläche.

Gipsbauplatten unterliegen nur sehr geringen Formänderungen. Dies ist die Voraussetzung dafür, dass auch verhältnismäßig große Flächen fugenlos, d.h. mit Verspachtelungen oder Verklebung ausgeführt werden können.

Durch Feuchtigkeit werden die mechanischen Eigenschaften und das Verformungsverhalten der Platten negativ beeinflusst, bei einem lang anhaltenden Angriff von Wasser wird ihr Gefüge zerstört. Deshalb werden diese Bauelemente im Wesentlichen im Innenausbau verwendet. Eine nur vorübergehende Einwirkung von Feuchte ist unproblematisch, solange die Gipsbauteile immer wieder Gelegenheit haben auszutrocknen. Dauernder hoher Feuchtigkeit (Wäscherei, Sauna usw.) sollten sie jedoch nicht ausgesetzt sein. Feuchte Platten dürfen nicht eingebaut, sondern können erst nach dem Trocknen wieder verwendet werden.

Gipsbauplatten werden üblicherweise durch Schrauben (ohne Vorbohren) oder Ansetzmörtel befestigt, abhängig vom Untergrund ist auch Nageln, Klammern und Leimen möglich. Auf Gipsbauplatten können nach Herstellerangaben geeignete Anstriche, Tapeten, Putze, Folien und keramische Beläge aufgebracht werden.

T2: übliche Holzquerschnitte

Ständer	60 × 60 mm	60 × 80 mm	60 × 120 mm
Latten	24 × 48 mm	30 × 50 mm	40 × 60 m

Baustoffe im Trockenbau
für Beplankung und Decklage

T4: Gegenüberstellung der Bezeichnung der Gipskartonplattentypen nach DIN EN 520 und DIN 18180

DIN EN 520	DN 18180	
Gipsplatte Typ A	Gipskartonbauplatte GKB	
Gipsplatte Typ H (1/2/3) mit reduzierter Wasseraufnahmefähigkeit, in Deutschland H2	Gipskartonbauplatte imprägniert GKBI	Gipskarton-Feuerschutzplatte imprägniert GKFI
Gipsplatte Typ F mit verbessertem Gefügezusammenhalt des Kerns b bei hohen Temperaturen	Gipskarton-Feuerschutzplatte GKF	
Gipsplatte Typ D mit definierter Dichte		
Gipsplatte Typ R mit erhöhter Festigkeit	in etwa Entsprechung mit »Statikplatten« (Diamant, Duraline, LaDura) inklusive Typ F, D (H)	
Gipsplatte Typ I mit erhöhter Festigkeit		
Putzträgerplatte Typ P	Gipskarton-Putzträgerplatte GKP	
Gipsplatte für Beplankungen Typ E (reduzierte Wasseraufnahmefähigkeit, minimierte Wasserdampfdurchlässigkeit)	keine nationale Entsprechung	

T3: Biegeradien von verschiedenen Gipskarton-Plattentypen

Plattentyp	Biegeradius trocken [mm]	Biegeradius nass [mm]
GK-Formplatte 6,5 mm	≥ 1000	≥ 300
GKB 9,5 mm	≥ 2000	≥ 500
GKB / GKF 12,5 mm	≥ 2750	≥ 1000
GK-Statikplatte 12,5 mm	≥ 3200	≥ 2000

Die Platten müssen werkseitig mit einer Faservlieskaschierung als Rieselschutz versehen werden, wenn Faserdämmstoffe zur Erhöhung der Schallabsorption aufgelegt werden. Es gibt auch Platten mit rückseitig aufkaschiertem Akustikvlies.
- Gipskartonverbundplatten nach DIN 18184 bestehen aus 9,5 bis 12,5 mm dicken GK-Bauplatten, die mit Dämmstoffplatten (Polystyrol- oder Polyurethan-Hartschaum) verbunden sind. Sie werden zur Wärmedämmung eingesetzt. Verbundplatten mit Mineralfaserdämmstoffen sind zwar nicht durch DIN 18184 erfasst, eignen sich aber auch zur Schall- und Wärmedämmung.
- Beschichtete Gipskartonplatten sind für besondere Zwecke beschichtet, z.B. mit Folien aus Kunststoff oder Aluminium als Dampfsperre, mit Furnieren oder Blechen für dekorative Zwecke, mit Bleifolie als Strahlenschutz.
- formbare Gipsbauplatten: dünne, flexible Gipsbauplatten zur Beplankung von Konstruktionen mit geschwungenen Formen

Gipskartonplatten sind nach Anritzen des Kartons einfach zu brechen und leicht durch Sägen, Fräsen und Bohren zu bearbeiten. Durch Einfräsen einer Kerbe bis auf den äußeren Karton können die Platten zu Kanten geknickt und verleimt werden. Die Kanten sind durch die Kartonummantelung exakt und widerstandsfähig, eine aufwendige Verspachtelung und Eckschutzprofile entfallen. Diese »Falttechnik« ist heute im Rahmen der Rationalisierung am Bau sowie für gestalterisch motivierte, aufwendige Geometrien (Abtreppungen) weit verbreitet.

Die Platten sind biegsam (s. Tabelle T3). In feuchtem Zustand lassen sich in speziellen Vorrichtungen runde und gebogene Formen mit kleinen Radien herstellen. Für sehr geringe Radien werden die Platten einseitig bis auf den Karton geschlitzt, die Schlitze werden anschließend verspachtelt.

Eigenschaften von Gipskartonplatten
Die mechanischen Platteneigenschaften beruhen auf der Verbundwirkung von Gipskern und Kartonummantelung. Der Karton fungiert als Zugbewehrung und verleiht im festen Verbund mit dem Gipskern den Platten die notwendige Steifigkeit. Die Festigkeits- und Elastizitätseigenschaften sind in Richtung der Kartonfaser, d. h. in Längsrichtung der Platten, größer als quer dazu. Die Richtungsabhängigkeit ist bei der praktischen Verarbeitung zu berücksichtigen.
Die Rohdichte liegt je nach Plattenart zwischen 680 bis 1050 kg/m^3.

Gipskartonplatten nach EN 520 entsprechen der Baustoffklasse A2–s1, d0 nach EN 13501-1. Nach DIN 4102-4 gehören sie der Baustoffklasse A2 nicht brennbar an, Lochplatten der Baustoffklasse B1, Hartschaumverbundplatten der Baustoffklasse B2.

Gipsfaserplatten
Gipsfaserplatten bestehen aus einem Gemisch aus Gips, Papierfasern und eventuell weiteren Zusätzen. Die Zellulosefasern dienen als Armierung der Platte.

Gipsfaserplatten sind zur Zeit nicht genormt. Es existieren abhängig vom Hersteller verschiedene Produktionsverfahren. Die Endprodukte und die daraus erstellten Konstruktionen weisen unterschiedliche Eigenschaften auf (z.B. Schallschutz, Feuerwiderstand, mechanische Leistungsfähigkeit), die über Prüfzeugnisse und Zulassungen nachgewiesen werden müssen.

In der Regel besitzen Gipsfaserplatten höhere Festigkeitswerte und Oberflächenhärten als Gipskartonplatten. Das feuchtebedingte Schwinden und Quellen ist durch die Zellulosefasern größer als bei Gipskartonplatten. Beide Plattenarten können für die gleichen Zwecke verwendet werden. Es kommt grundsätzlich nur ein Plattentyp zum Einsatz. Gipsfaserplatten übernehmen auch aussteifende Funktionen im Holzrahmenbau. Varianten mit besonders hoher Rohdichte (> 1350 kg/m^3) werden vorwiegend im Bodenbereich eingesetzt.

Die üblichen Nenndicken der Platten betragen 10 mm, 12,5 mm, 15 mm und 18 mm, die Regelbreite der Platten ist 1250 mm. Kleinformatige Platten für Systemböden können bis zu 40 mm dick sein.

Das Zuschneiden erfolgt durch Sägen. Bei Platten bis 15 mm Dicke ist auch Ritzen mit einem speziellen Plattenreißer und Brechen möglich. Der Baustoff kann zudem durch Bohren und Schleifen bearbeitet werden. Durch Fräsen lassen sich bei homogenen Plattentypen profilierte Kanten herstellen. Gipsfaserplatten sind für das Befestigen mittels Schrauben, Klammern und Nägeln geeignet. Neben der Verspachtelung kann die Plattenfuge mit Systemklebern auch verleimt werden.

Die Rohdichte liegt je nach Verwendungszweck und Hersteller zwischen 950 und 1500 kg/m^3.
Gipsfaserplatten entsprechen im Allgemeinen der Baustoffklasse A2–s1, d0 nach EN 13501-1. Nach DIN 4102-4 gehören sie der Baustoffklasse A2 an.

Holzwerkstoffplatten
Holzwerkstoffplatten werden durch Verpressen von unterschiedlich großen Holzteilen wie Brettern, Stäben, Furnieren, Spänen und Fasern, mit Klebstoff oder mineralischen Bindemitteln hergestellt.

Baustoffe im Trockenbau
für Beplankung und Decklage

Man unterscheidet im Wesentlichen:
- Spanplatten (Flachpressplatten)
- Holzfaserplatten
- Sperrholz
- OSB-Platten
- MDF-Platten
- 3- und 5-Schichtplatten aus Nadelholz
- zementgebundene Spanplatten

Im Trockenbau sind Holzwerkstoffplatten wenig verbreitet. Ursachen hierfür sind: der im Vergleich zu Gipsbauplatten höhere Preis, die aufwendigere Bearbeitung mit Schreinerwerkzeug, die Brennbarkeit und das ungünstigere Verhalten bei Feuchteeinwirkung. Holzwerkstoffplatten neigen bei Feuchteschwankungen stärker zum Quellen und Schwinden als Gipsbauplatten. Hinzu kommt, dass durchfeuchtete Platten von Schädlingen befallen werden können. Nicht brennbare Konstruktionen oder die Forderung nach nicht brennbaren Oberflächen können mit Holzwerkstoffplatten nicht erfüllt werden. Die höheren Festigkeiten werden im nicht tragenden Bereich im Allgemeinen nicht benötigt, ausgenommen mechanisch stärker belastete Bereiche wie z.B. Trockenunterböden oder Verstärkungen für die Befestigung von Lasten.

Abhängig vom Bindemittel geben manche Holzwerkstoffplatten Formaldehyd an die Umgebung ab. Die gesetzlichen Grenzwerte (0,1 ml/m^3 [ppm], Klasse E1) werden von allen modernen Platten deutlich unterschritten.
Die Anforderungen an genormte Holzwerkstoffplatten, die Klassen und Anwendungsgebiete sowie die Kennzeichnung sind in EN 13986 geregelt. Die Spezifikation sowie die Mindesteigenschaften eines Plattentyps sind in den jeweiligen Produktnormen zu finden, die charakteristischen Festig- und Steifigkeitswerte in DIN 1052:2004. Bei den nicht genormten Platten sind diese Eigenschaften den entsprechenden Zulassungen zu entnehmen.

Platten für Brandschutzaufgaben
Brandschutzplatten werden vorwiegend als Bekleidung für Wand- und Deckenkonstruktionen sowie für Träger-, Stützen-, Kabel- und Lüftungskanalbekleidungen mit hohen Anforderungen an den Feuerwiderstand verwendet.

Spezialbrandschutzplatten auf Gipsbasis bestehen wie Gipskartonplatten aus Stuckgips, Wasser und Zuschlagstoffen. Anstelle des Kartons wird ein Glasfasergewebe verwendet, das sich fest mit dem Gipskern verbindet und darüber hinaus – abhängig vom Fabrikat – eine oberflächige Kaschierung mit Gips besitzt. Die Platten weisen eine hohe Biegezugfestigkeit und eine große Widerstandsfähigkeit im Brandfall auf, da sie brandbeständiger als herkömmliche Gipskarton-Feuerschutzplatten und etwas leichter als diese sind.
Nach DIN 4102 gehören Spezialbrandschutzplatten der Baustoffklasse A1 an. Bei ihrer Verwendung können Brandschutzkonstruktionen bis F180 A erreicht werden.
Die Platten sind in den Standarddicken 15 mm, 20 mm, 25 mm und 30 mm erhältlich. Sie werden durch Sägen, Bohren sowie Fräsen bearbeitet und mit Schrauben oder Klammern befestigt (Herstellerangaben beachten).

Calciumsilikatplatten bestehen aus dem Grundstoff Calciumsilikat, weiteren mineralischen Füllstoffen und sind mit unterschiedlichen Fasern (z.B. Zellstoff) armiert. Es gibt Platten verschiedener Dichte, die sich in ihren Eigenschaften unterscheiden. Sie beinhalten teilweise verschiedene Bindemittel wie z.B. Zement bei schweren oder Kalk bei leichten Platten.
Das Material ist gegenüber Feuchte unempfindlich, nicht brennbar (Baustoffklasse A1, nach DIN 4102) und in den Standarddicken von 10 bis 50 mm erhältlich. Die Platten werden durch Sägen, Bohren und Fräsen bearbeitet, die Befestigung erfolgt durch Schrauben oder Klammern. Vor dem Auftragen von Klebstoffen, Farben, Beschichtungen usw. müssen sie grundiert werden. (Herstellerangaben beachten).

Feuchtraumplatten
Spezielle Feuchtraumplatten eignen sich für den Einsatz in Nassbereichen und Räumen mit extremer Wasserbelastung (z.B. Schwimmbäder) als Untergrund für eine Verfliesung.

Zementgebundene Bauplatten werden aus mineralischen Komponenten mit hydraulischen Bindemitteln hergestellt. Der Kern besteht aus zementgebundenen Leichtzuschlägen, ist beidseitig mit einem Glasgittergewebe armiert und mit Zementmörtel beschichtet. Die Plattendicke beträgt 12,5 mm, wobei die Formate je nach Hersteller unterschiedlich ausfallen können.
Die Bauplatten sind wasser-, frost- und witterungsbeständig sowie verrottungsfest. Sie eignen sich ohne zusätzliche Imprägnierung als Bekleidung für Leichtbauwände, Vorsatzschalen und als Trockenestrichplatten in Feuchträumen und Räumen mit extremer Wasserbelastung (z.B. Schwimmbäder). Bestimmte Produkte können im Außenbereich als Fassadenbekleidung und Putzträgerplatte eingesetzt werden.
Die Platten lassen sich mit einem HSS-Messer ritzen und über die Kante brechen, scharfkantige Zuschnitte gelingen mit einer hartmetallbestückten Handkreis-

1 Wandbekleidung mit gebogenen Sperrholzplatten, Nord LB, Magdeburg 2003, Bolles und Wilson

Baustoffe im Trockenbau
für Beplankung und Decklage

1 Concert Hall, Kopenhagen 2005, Kant Architekten

säge. Sie werden mit systemzugehörigen Spezialschrauben befestigt.
Zementgebundenen Bauplatten sind nicht brennbar (Baustoffklasse A1, nach EN 13501).

Zementbeschichtete Polystyrolbauplatten bestehen aus einem extrudierten Polystyrol-Hartschaumkern, der beidseitig mit Glasfasergewebe armiert und mit einem kunststoffvergüteten Zementmörtel beschichtet ist. Ihre Nenndicke beträgt zwischen 6 und 50 mm.
Die Platten sind wasser- und verrottungsfest und bei thermischen und hygrischen Beanspruchungen sehr formstabil und werden mit Fuchsschwanz, Stichsäge und Messer bearbeitet. Sie lassen sich auf jedem Untergrund verkleben oder verdübeln. Außerhalb des Nassbereichs werden die Plattenstöße und Eckbereiche mit einem geeigneten Armierband, innerhalb des Nassbereichs mit einem Dichtband überspachtelt. Durch einseitiges Einschneiden lassen sich Rundungen formen, deren keilförmige Einschnitte mit Fliesenmörtel geschlossen werden.
Dickere Platten können ohne zusätzliche Unterkonstruktion als selbsttragende Elemente, z. B. für Waschtische, Wannenbekleidungen oder Duschwände, eingesetzt werden.

Mineralfaserplatten
Mineralfaserplatten gibt es in den Baustoffklassen B1 und A2.
Sie finden in erster Linie als Decklage von abgehängten Unterdecken, unter tragenden Decken- oder Dachkonstruktionen Anwendung.
Die Plattenoberfläche ist aus optischen und raumakustischen Gründen unterschiedlich gestaltet. Sie kann glatt oder auf verschiedene Arten gelocht, geprägt oder strukturiert sein. In der Standardausführung besitzt die Oberfläche einen weißen Farbauftrag. Für besondere Ansprüche an die Festigkeit oder die hygienischen Eigenschaften gibt es spezielle Beschichtungen.
Die Kantenform für Mineralfaserdeckenplatten richtet sich nach dem gewählten Abhängersystem und nach den jeweiligen technischen und gestalterischen Anforderungen. Die Standarddicken betragen 15 mm, 19 mm und 20 mm.

Da die Mineralfaserplatten mit einbaufertigen Oberflächen und Kanten geliefert werden, beschränkt sich die Bearbeitung am Bau auf die Kanten, die an Wände, Stützen oder Deckeneinbauten angepasst werden müssen. Zum Zuschneiden der Platten dient ein Plattenmesser.

Mineralfaserplatten weisen eine geringe mechanische Festigkeit auf. Deckenplatten bedürfen deshalb einer Rundumauflage, wobei die Stützweite 62,5 cm nicht überschreiten darf; größere Formate benötigen eine rückseitige Aussteifung.
Die Elemente dürfen nicht nass werden und reagieren auf hohe Luftfeuchtigkeit empfindlich. Sie neigen dann zu Durchbiegungen, die auch beim späteren Austrocknen nicht wieder zurückgehen. Beim Einbau sollte die Raumtemperatur über 15 °C und die relative Luftfeuchtigkeit unter 70 % liegen.
Diese Platten werden häufig für akustische Zwecke eingesetzt, da die meisten einen hohen Schallabsorptionsgrad aufweisen, der ca. 0,7 (= 70 %) beträgt.

Metallische Bekleidungen
Haupteinsatzgebiet von metallischen Bekleidungen ist der Deckenbereich. Sie bestehen aus verzinktem Stahlblech oder Aluminium von 0,4 bis 1,25 mm Dicke und können in verschiedenen Ausführungen geliefert werden: Eloxiertes Aluminium oder Edelstahlmaterialien sind ohne Oberflächenbeschichtung verwendbar, andere Materialien können pulverbeschichtet oder bandlackiert sein. Zusätzlich werden metallische Bekleidungen für umsetzbare Trennwände oder als Wandoberfläche in Reinräumen verwendet. Sie dienen als dekorative Wandbekleidung und verbessern als gelochte Platten in Kombination mit schallschluckendem Material die Raumakustik.

Die Plattenoberfläche ist aus optischen und akustischen Gründen glatt oder gelocht gestaltet. Es existieren verschiedene Lochbilder, von der Mikroperforation bis zu 3 mm großen Lochdurchmessern, sodass die Deckenplatten zwischen 8 und 25 % Lochflächenanteil aufweisen. Auf der Innenseite können sie mit einem schallabsorbierenden Akustikvlies oder Rieselschutzfolien ausgelegt sein.
Die Platten sind als quadratische Kassetten, rechteckige Langfeldplatten (300 × 300 mm bis zu 625 × 2500 mm) sowie als Metallpaneele lieferbar.

Metallische Deckenplatten werden mit einbaufertigen Oberflächen und Kanten geliefert, sodass sich die Bearbeitung am Bau auf die Kanten beschränkt, die an Wände, Stützen oder Deckeneinbauten angepasst werden müssen. Gemeinsam ist allen Platten die Aufkantung des Rands, wodurch das dünne Blech stabilisiert wird. Zum Zuschneiden der Platten eignen sich Metallsägen oder Blechscheren. Beim Schneiden und Entfernen des aufgekanteten Rands verliert die Platte in diesem Bereich an Stabilität und benötigt eine Auflagefläche (z. B. Randwinkel).

Die Platten sind im Innenausbau unbegrenzt korrosionsbeständig, das gilt auch für Feuchträume und Schwimmbäder. Die Platten sind abriebfest abwaschbar und nicht hygroskopisch.

Metallische Werkstoffe besitzen nach DIN 4102 Baustoffklasse A (nicht brenn-

Baustoffe im Trockenbau
Dämmstoffe

bar). Die Baustoffklasse des Endprodukts hängt von dessen Beschichtung und Farbauftrag ab (s. Tabelle T5).

Dämmstoffe
Dämmstoffe werden im Trockenbau im Wesentlichen in den Bereichen Schall- und Brandschutz eingesetzt. Viele Konstruktionen erreichen ihre geforderten bauphysikalischen Eigenschaften nur in Kombination mit geeigneten Dämmstoffen. Die Wärmedämmeigenschaften der Dämmstoffe sind bei der Innendämmung von Außenwänden und beim Dachgeschossausbau relevant. Da Dämmstoffe bei richtig ausgeführten Konstruktionen fast immer abgeschlossen im Bauteilinneren liegen, sind ihre wohnbiologischen Eigenschaften von untergeordneter Bedeutung und für das Raumklima und die Behaglichkeit sekundär. Wichtig sind dagegen ihre physikalischen Eigenschaften.

Dämmstoffe sind in den europäischen Normen DIN EN 13162 bis DIN EN 13171 geregelt oder besitzen eine allgemeine bauaufsichtliche Zulassung (s. auch Tabelle T6, S. 18). In den Normen werden die Eigenschaften der Dämmstoffe einer Produktgruppe in Klassen eingestuft (z. B. Klassen für Grenzabmaße, verschiedene mechanische Eigenschaften, dynamische Steifigkeit, Wasseraufnahme, Strömungswiderstand usw.). Aus dem Bezeichnungs-

T5: Plattenwerkstoffe im Trockenbau, Übersicht über die Eigenschaften und Einsatzbereiche

Plattenwerkstoff	Produkt-norm	Eigenschaften				Einsatzbereiche						
		Rohdichte	Baustoff-klasse[4]	λ [W/m²K]	μ	fugen-los	BS	SS	RA	Feucht-raum	TE	Statik
gipsgebundene Platten												
Gipskartonplatten/Gipsplatten												
Gipskartonbauplatte GKB	DIN 18800, EN 520	680–750	A2 s1, d0 (A2)	25	4/10	++	o	+	--	o	o	o
Gipskarton-Feuerschutzplatte GKF		800–950				++	+	+	--	o	o	o
Gipskartonbauplatte-imprägniert GKBI		680–800				++	o	+	--	+	o	o
Gipskarton-Feuerschutzplatte imprägniert GKFI		800–950				++	+	+	--	+	o	o
GK-Schallschutzplatte		800–900				++	+	++	--	o	o	o
GK-Statikplatte, GK-Hartgipsplatte		800–1050				++	+	++	--	o	+	+
GK-Lochplatte	EN 14090	–	(B1)	–	–	++	-	-	+	-	--	--
Gipsfaserplatte												
Gipsfaserplatte	Zulassung	950–1250	A2 s1, d0 (A2)	0,2–0,38[3]	13–19[3]	++	+	++	--	o	+	++
hochverdichtete Gipsfaserplatte	Zulassung	1350–1500	A2 s1, d0 (A2)	0,44	30/50	+	+	++	--	o	++	++
Gips-Spezial-Brandschutzplatte	–	800–900	(A1)	–	–	++	++	+	--	o	o	-
mineralisch gebundene Platten												
Calciumsilikatplatte	–	450–900	(A1)	0,01–0,3[3]	3–20[3]	+	++	+	--	+	o	-
zementgebundene mineralische Platte	–	1000–1150	A1	0,17–0,4[3]	19–56[3]	+	o	o	--	++	++	-
zementbeschichtete Polystyrolbauplatte	–	30	B-s1, do, (B1)	0,037	100	o	--	-	--	++	-	--
Holzwerkstoffplatten												
kunstharzgebundene Holzwerkstoffplatte	EN 13986	600–700	D-s2, d0, (B2)	0,13	50/100[1] 200/300[2]	--	--	o	--	--	++	++
mineralisch gebundene Holzwerkstoffplatte		1000–1200	B-s1, d0, (B1, A2)	0,23	30/50	--	o	o	-	-	++	++
Mineralfaserplatte	–	300–500	(B1, A2)	0,05–0,07[3]	5	--	-	-	++	--	--	--
Metallkassetten	–	–	(A2, A1)	–	–	--	-	-	+	+	--	--
Glasgranulatplatte	–	320–350	(B1, A2)	0,095	–	++	-	-	++	++	--	--

Bewertung:
++ sehr gut geeignet, spezieller Einsatzbereich
+ gut geeignet, üblicher Einsatzbereich
o geeignet, unüblicher Einsatzbereich
- i. d. R. nicht geeignet
-- absolut ungeeignet

Einsatzbereiche:
BS: Brandschutz
SS: Schallschutz
RA: Raumakustik
TE: Trockenestrich

Fußnoten:
[1] Spanplatte
[2] OSB-Platte
[3] abhängig vom Produkt, Hersteller, Rohdichte
[4] Baustoffklasse: Werte nach DIN EN 13501-1, Werte in Klammern nach DIN 4102-2 (national)

Baustoffe im Trockenbau
Dämmstoffe

schlüssel eines Produkts können mit Hilfe der Norm die jeweiligen Eigenschaften (Klassen) entnommen werden. Zusätzlich zu den genormten Produkten existieren eine ganze Anzahl nicht genormter Dämmstoffe mit allgemeiner bauaufsichtlicher Zulassung:

- Zellulosefaserdämmstoffe
- Baumwolldämmstoffe
- Schafwolldämmstoffe
- Flachsdämmstoffe

Die Anwendungsbereiche für Wärmedämmstoffe sind in Deutschland produktunabhängig in DIN V 4108-10 geregelt.

Dämmstoffe für den Brandschutz
Die maßgeblichen Eigenschaften von Dämmstoffen, die in Brandschutzkonstruktionen eingesetzt werden, sind die Baustoffklasse, der Schmelzpunkt, die Wärmekapazität, das Verhalten im Brandfall (Abtropfen, Rauchentwicklung), die

T6: Dämmstoffe im Trockenbau, Übersicht über die Eigenschaften und Einsatzbereiche

Dämmstoff	Produktnorm	Eigenschaften			Einsatzbereiche				
		Baustoff-Klasse[2]	λ [W/m²K]	μ	BS	SS	RA	TS	WS
Faserdämmstoffe									
organisch									
Holzfaser (WF)	EN 13171 (DIN 68755)	B2	0,04–0,055	5/10	o	++	+	++	+
Kokosfaser	(DIN 18165)	B2	0,04–0,055	1	o	++	+	++	+
Zellulosefaser	Zulassung	B2	0,04–0,045	1/2	o	++	+	o	+
Baumwolle, Schafwolle, Flachsfaser, Hanffaser	Zulassung	B2	0,04	1/2	o	++	+	o	+
Polyesterfaser	Zulassung	B2			-	+	+	o	
mineralisch									
Mineralwolle (MW) – Glaswolle	EN 13162 (DIN 18165)	A1, A2, B1	0,035–0,04	1	+	++	++	++	+
Mineralwolle (MW) – Steinwolle					++	++	++	++	+
Schaumstoffe									
organisch									
expandierter Polystyrol-Hartschaum (EPS)	EN 13163 (DIN 18164)	B1	0,035–0,04	20/50–40/100	--	--	--	+[1]	++
extrudierter Polystyrol-Hartschaum (XPS)	EN 13164 (DIN 18164)	B1	0,03–0,04	80/250	--	--	--	--	++
Polyurethan-Hartschaum (PUR)	EN 13165 (DIN 18164)	B1, B2	0,025–0,035	30/100	--	--	--	--	++
Phenolharz-Hartschaum (PF)	EN 13166 (DIN 18164)	B1, B2	0,03–0,045		--	--	--	--	+
Melaminharz	–	B2	0,034		--	o	++	--	+
mineralisch									
Schaumglas (CG)	EN 13167 (DIN 18174)	A1	0,045–0,06		+	-	--	--	+
Sonstige									
organisch									
Holzwolle-Leichtbauplatten (WW)	EN 13168 (DIN 1101, DIN 1102)	B1, B2	0,09–0,15	2/5	+	-	+	--	o
Mehrschicht-Leichtbauplatten (WW-C)			0,035–0,045	1, 20/50	o	-	+	--	+
expandierter Kork (ICB)	EN 13170 (DIN 18161)	B2	0,045–0,055	5/10	o	--	--	o	o
Schüttungen									
mineralisch									
Blähperlit [EPB]	EN 13169	A1	0,05–0,06		++	o	--	+	-
Perlite, Vermiculite, Blähton, Blähschiefer	–	A1	0,05–0,09		++	o	--	+	-

Bewertung:
    ++ sehr gut geeignet, spezieller Einsatzbereich
    + gut geeignet, üblicher Einsatzbereich
    o geeignet, unüblicher Einsatzbereich
    - in der Regel nicht geeignet
    -- absolut ungeeignet

Einsatzbereiche:
    BS: Brandschutz
    SS: Schallschutz/Hohlraumdämmung
    RA: Raumakustik/Schallabsorption
    TS: Trittschalldämmung
    WS: Wärmeschutz

Fußnoten:
    [1] plastifizierter EPS
    [2] Baustoffklasse: Werte nach DIN 4102-2 (national)

spezifische Oberfläche, das Stehvermögen sowie der Verbund mit anderen Stoffen. Nach diesen Kriterien sind ungeschützte Hartschäume für den Brandschutz nicht geeignet. Dagegen haben sich mineralische und auch bestimmte organische Faserdämmstoffe bewährt.

Dämmstoffe der Baustoffklasse A bestehen aus anorganischen Stoffen, z.B. Silikatglas, Eruptivgestein oder Ton. Dämmstoffe der Baustoffklassen B sind Produkte aus organischen Schäumen oder organischen Fasern. Durch den Zusatz von Flammschutzmitteln (z.B. Bohrsalze) kann das Brandverhalten der Dämmstoffe verbessert werden, z.B. Erreichen der Baustoffklasse B2 (normal entflammbar) statt B3 (leicht entflammbar).
Für Konstruktionen mit Anforderungen an den Feuerwiderstand nach DIN 4102-4 wird grundsätzlich Mineralwolldämmstoff der Baustoffklasse A mit einem Schmelzpunkt ≥ 1000 °C gefordert.

Dämmstoffe für den Schallschutz
Für Schallschutzaufgaben wie Schallabsorption oder Hohlraumdämpfung sind offenzellige Dämmstoffe (z.B. Faserdämmstoffe) geeignet, die einen hohen Schallabsorptionsgrad α_S besitzen und einen längenbezogenen Strömungswiderstand r von mindestens 5 [kPa·s/m^2] aufweisen. Dies wird von allen gängigen Faserdämmstoffen erfüllt.

Bei Dämmstoffen für die Trittschalldämmung beruht die Wirkung darauf, dass die in die begehbare Schicht (Estrich, Fußbodenbelag etc.) eingeleitete Stoßenergie von der elastischen Dämmschicht abgefangen und nicht in die Unterkonstruktion weitergeleitet wird. Maß für diese Federeigenschaft von Dämmstoffen ist die dynamische Steifigkeit s' [MN/m^3]. Je geringer sie ist, desto »weicher« ist der Dämmstoff.

Wärmedämmstoffe
Als Wärmedämmstoff gelten Produkte, deren Wärmeleitfähigkeit λ in trockenem Zustand bei einer Mitteltemperatur von 10 °C kleiner als 0,1 W/mK ist.

Schüttungen
Unter Schüttung versteht man loses Granulat mit Korngrößen, die üblicherweise zwischen 0 und 7 mm liegen. Für die verschiedenen Produkte werden unterschiedliche Rohstoffe als Ausgangsmaterial verwendet. Die wichtigsten Schüttmaterialien sind:

- Schüttungen auf Perlitbasis
- Schüttungen auf Vermiculitebasis
- Blähtonschüttungen
- Blähschieferschüttungen
- Schüttung aus Porenleichtbetongranulat
- Schüttungen aus Kork
- Schüttungen aus organischen Ausgangsstoffen

Schüttungen dienen zum Ausgleich von Bodenunebenheiten oder einer unerwünschten Bodenneigung. Sie wirken wärmedämmend und verbessern den Trittschallschutz einer Deckenkonstruktion. Schüttungen kleinerer Korngröße eignen sich sehr gut zum Höhenausgleich insbesondere in Verbindung mit Trockenunterbodenelementen (Trittschalldämmung); grobkörnige Schüttungen bieten sich zum Verfüllen von Hohlräumen bei gleichzeitigem Wärmeschutz an.

In Verbindung mit Trockenunterböden dürfen nur Schüttungen zum Einsatz kommen, die sich für das jeweilige Bodensystem eignen (Herstellerhinweise beachten). Dabei sind vor allem die elastischen Eigenschaften (elastische Bettung) und eine geringe Nachverdichtung von Bedeutung.

Bedingt durch ihre Ausgangsstoffe sind mineralische Schüttungen stets ungeziefer- und verrottungsbeständig. Bei Varianten aus organischen Stoffen benötigt man eine entsprechende Zusatzausrüstung (s. Tabelle T6).

Kleinteile
Verbindungsmittel
Plattenwerkstoffe und Unterkonstruktion sowie Elemente der Unterkonstruktion untereinander werden über geeignete Verbindungsmittel aneinander befestigt.

Schnellbauschrauben
Die Befestigung von Plattenwerkstoffen auf dünnwandigen Metallprofilen erfolgt mit Schnellbauschrauben. Für Gipskartonplatten gilt dabei die DIN 18182-2. Andere Plattenwerkstoffe (z.B. Gipsfaserplatten, zementgebundene Platten) werden mit den systemzugehörigen Schnellbauschrauben der jeweiligen Hersteller befestigt.
Dabei sind die Schrauben auf die Blechdicke der Profile abgestimmt. Dementsprechend werden hinsichtlich der Spitze die Schraubentypen TN (Nagelspitze, Blechdicken ≤ 0,7 mm) und TB (Bohrspitze, Blechdicken ≥ 0,7 mm, z.B. für UA-Profile) unterschieden.
Für das Verbinden von Holz (z.B. Grundlatte mit Traglatte), das direkte Befestigen (Verankern) von Latten an Balken und das Verankern von Abhängern in Holz kommen ebenfalls Schnellbauschrauben der Typen TN und FN in Betracht, sofern für diesen Verwendungszweck eine allgemeine bauaufsichtliche Zulassung vorliegt. Andernfalls müssen für diese Einsatzbereiche Schrauben nach DIN 1052 (Holzbauschrauben) verwendet werden.

Nägel und Klammern
Nägel nach DIN 18182-4 und Klammern nach DIN 18182-3 sind für die Befestigung von Gipskartonplatten auf Holzun-

terkonstruktionen vorgesehen. Bei Gipsfaserplatten kann die zweite Bekleidungslage mit geeigneten Klammern auf der ersten Lage befestigt werden.
Für das Befestigen von Gipsbauplatten an Schrägen sowie Deckenbekleidungen und Unterdecken müssen – sofern Klammern zur Anwendung kommen – beharzte Klammern mit bauaufsichtlicher Zulassung verwendet werden (s. Tabelle T7).

Verankerungselemente
Dübel dienen zum Befestigen von Bauteilen im tragenden Untergrund. Daneben kommen als Verankerungselemente – allerdings seltener – auch Setzbolzen und Anker zum Einsatz.
Im Wesentlichen unterscheidet man heute drei Dübelkonstruktionsarten:
- Spreizdübel aus Stahl oder Kunststoff
- Haftdübel mit Verbund auf Zement- oder Kunstharzbasis
- Hinterschnittdübel mit Formschluss

Die Wahl des geeigneten Verankerungselements richtet sich wesentlich nach der Größe und Art der Last (Zuglast, Scherlast oder der sogenannte Schrägzug – eine Kombination aus beiden) sowie dem Untergrund. Dübel, die in der Zugzone von Stahlbetonbauteilen (z. B. Unterseite von Massivdecken) verankert werden, müssen ausdrücklich für diesen Einsatzbereich zugelassen sein. Bei Auswahl eines Dübels sind neben der zulässigen Last auch die Herstellerangaben bezüglich Randabstand, Dübelabstand und Mindestbauteildicke zu beachten.

Befestigungselemente für Lasten
Die Wahl des geeigneten Befestigungsmittels für Wände ist von der Exzentrizität e, dem Gewicht der anzubringenden Konsollast P, der Basisbreite der Verankerungspunkte in der Wand (Abstand der Reaktionskräfte), der Dicke, dem Werkstoff sowie der Lage der Beplankung abhängig. Die zulässigen Belastungen pro Befestigungsmittel und eventuell zu beachtende Einbauvorschriften sind den Herstellerangaben zu entnehmen. Unabhängig von der zulässigen Dübelbelastung müssen die nach DIN 18183 bzw. DIN 4103-1 zulässigen Konsollasten pro Meter Wandlänge berücksichtigt werden.

Das Anbringen von leichten Lasten (z. B. Bilder) mit geringer Exzentrizität (≤ 50 mm) an der Beplankung von Ständerwänden kann mit den üblichen Bilderhaken, aber auch mit handelsüblichen Befestigungsmitteln wie Schrauben, Haken und Nägeln geschehen. Leichte Lasten können auch mit geeigneten Spreizdübeln in die Beplankung eingeleitet werden.

Für die Einleitung von Konsollasten (Hängeschränke, Bücherborde u. a.), wie sie DIN 4103-1 bzw. DIN 18183 definiert, sind Hohlraumdübel aus Kunststoff oder Metall (Aufnahme von Normal- und Querkräften: Schrägzug) oder von den Dübelherstellern dafür freigegebene Befestigungselemente einzusetzen. Ausgenommen die Beplankung wird durch Blech oder Holz in geeigneter Weise hinterlegt, oder es werden spezielle Traversen zur Lastabtragung verwendet. Auch für die Lasteinleitung in die Beplankung von Decken werden Hohlraumdübel aus Kunststoff und Metall oder Kippdübel (nur für axiale Zugkräfte) verwendet. Bei Lasten > 0,06 kN je Plattenspannweite (DIN 18181) müssen Schrauben oder Dübel in der Unterkonstruktion verankert werden.

Spachtelmassen, Fugenkleber und Ansetzgipse
Spachtelmassen werden im Allgemeinen als Füllmaterial zum Verschließen der Plattenstoßfugen benutzt. Weiterhin eignen sie sich für den glatten Aufzug und Strukturspachtelungen auf der Fläche der Plattenwerkstoffe.

Abhängig von der jeweils gewählten Materialeinstellung bzw. der Rezeptur der Spachtelmasse können gipshaltige Spachtelmaterialien für die konventionelle Verspachtelung mit Fugendeckstreifen (Bewehrungsstreifen) oder – sofern sie dafür vom Hersteller bestimmt sind – für das Verspachteln ohne Deckstreifen verwendet werden.
Gipsfreie Spachtelmassen dienen in der Regel als Füll- und Finishspachtel oder reine Oberflächenfinish-Spachtelmaterialien. Sie zeichnen sich im Allgemeinen durch sehr gute Schleifbarkeit aus.

Einkomponentiger, feuchtevernetzender Polyurethan-Klebstoff wird insbesondere für die Fugenverklebung von Gipsfaserplatten im Wand- und Deckenbereich eingesetzt. Die Querzugfestigkeit der Klebefuge – parallel zur Plattenebene beansprucht – entspricht der Querzugfestigkeit der Gipsfaserplatten.
Ansetzgips nach DIN 1168 dient zum Anbringen von Gipsbauplatten als Wandtrockenputz, plattenförmigen Dämmstoffen (Hartschaum- oder Mineralwollplatten) und Verbundplatten auf Mauerwerk oder Beton. Dem Gips beigemischte Zusätze (z. B. Verzögerer) steuern den Versteifungsprozess, sodass ein Ausrichten der angesetzten Platten möglich ist. Andere Zusatzstoffe erhöhen das Wasserrückhaltevermögen und verbessern die Haftung. Ansetzgipse können in ca. 20 mm dicken Batzen mit der Hand auf die Plattenrückseite oder maschinell in Streifen auf die Wand aufgetragen werden. Unebenheiten des Untergrunds von etwa ± 10 mm können ausgeglichen werden.

Baustoffe im Trockenbau
Kleinteile

T7: typische Befestigungsmittel im Trockenbau

Befestigungsmittel	Abbildung	Einsatzgebiete								
		GK-Platte auf Metall [mm]		GK-Platte auf Holz	GK-Platte auf GK-Platte	GF-Platte auf Metall [mm]		GF-Platte auf Holz	GF-Platte auf GF-Platte	Holz auf Holz	Metall auf Metall	Metall auf Holz
		≤ 0,7	≤ 2,0			≤ 0,9	≤ 2,0					
Schnellbauschraube mit Nagelspitze		●		●						●		●
Schnellbauschraube mit Nagelspitze und Rippensenkkopf						●		●	●			
Schnellbauschraube mit Bohrspitze (und Rippensenkkopf)			●				●					
Schnellbauschraube mit Bohrspitze und Zylinderkopf											●	
glatter Nagel, mechanisch eingetrieben, nur für Wand				●				●		●		
gerillter Nagel, mechanisch vorgeschrieben für Decken				●				●		●		
Hohlkopfnagel, verzinkt									●			
Klammer					●				●	●		
Alu-Blindniet 3 × 4,5 mm											●	
Klemmprofil		●	●	●		●	●	●	●			
Kleber		●	●	●	●	●	●	●	●			
Crimperzange											●	
Grobgewinde-(Gips-)schraube					●				●			

Grundlagen der Planung und Konstruktion

Wandsysteme

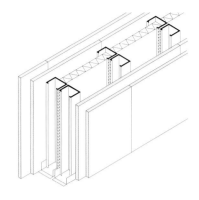

1

2

Wandsysteme im Trockenbau

Unter Wandsystemen im Trockenbau versteht man Ständerwände und Vorsatzschalen mit Unterkonstruktionen aus Stahlblechprofilen oder Holz und oberflächenbildender Beplakung. In den inneren Hohlraum zwischen den Ständern werden je nach Anforderung und Konstruktion aus Brand-, Schall- oder Wärmeschutzgründen Dämmmaterialien eingelegt. Die nachfolgend betrachteten Trennwände und Vorsatzschalen haben hinsichtlich der Standsicherheit eines Gebäudes keine tragende Funktion.

Ständerwände und Vorsatzschalen erfüllen die Aufgabe der Raumtrennung inklusive bauphysikalischer Anforderungen, der Integration von Installationen und Einbauten, der bauphysikalischen und optischen Verbesserung vorhandener Wände sowie die Funktion eines gestalterischen Elements. Für besondere Situationen wurde eine Vielzahl spezieller Wandsysteme entwickelt:

- Konstruktionen mit hohen Anforderungen an den Schall- und Brandschutz (z. B. Wohnungstrenn-, Gebäudeabschluss-, Brand- und Schachtwände)
- grundflächenminimierte, schlanke Trennwände mit ausreichenden Schall- und Brandschutzeigenschaften (Flächengewinn)
- Installationswände und Vorwandinstallationssysteme
- umsetzbare Trennwände, Systemtrennwände
- Wandsysteme mit integrierter Heizung/Kühlung
- Wände mit raumakustischen Aufgaben
- Wände für Bereiche mit hoher Feuchtigkeitsbelastung
- hochgedämmte, nicht tragende Außenwandsysteme
- Wandsysteme mit erhöhten statischen Anforderungen (z. B. bzgl. Wandhöhe, Oberflächenfestigkeit, Konsollasten, tragende und aussteifende Wandsysteme)
- Sondersysteme wie Strahlenschutzwände, durchschusssichere Wände, Wandsysteme für Reinräume, feldfreie Räume etc.
- Wände als gestalterisches Element (frei formbare Systeme, Lichtintegration etc.)

Mit allen Ständerwandsystemen lassen sich halbhohe Wände, Wandabzweigungen und Wandecken realisieren. Türen und Verglasungen können – abhängig von den Anforderungen – integriert werden. Die konstruktive Ausbildung der Anschlüsse sowie eventuell erforderliche zusätzliche Maßnahmen zur Aussteifung sind bei allen Systemen prinzipiell ähnlich. Leichte Montagewände sind die am häufigsten eingesetzten Trennwandsysteme. Sie werden als Einfach- oder Doppelständerwand aus standardisierten Bauteilen montiert. Als Unterkonstruktion werden Metallprofile oder Holzständersysteme verwendet. Die Randständer und die oberen und unteren Anschlussprofile werden an massiven Bauteilen (Wände, Decke, Boden) über eine Anschlussdichtung (Dämmstreifen, Trennkitt) befestigt, die auch Unebenheiten ausgleicht. Die Metallständer stehen lose in den Anschlussprofilen an Boden und Decke (U-Profile). Der Abstand der einzelnen Befestigungs-

1 Einfachständerwand mit Metallunterkonstruktion, einlagig beplankt
2 Doppelständerwand mit Metallunterkonstruktion, zweilagig beplankt, Ständer durch weich federnde Zwischenlage getrennt
3 geschwungene Wände mit Ablageflächen, Hotel Ku' Damm 101, Berlin 2003, Mänz und Krauss
4 Doppelständerwand mit Holzunterkonstruktion, zweilagig beplankt: Die Ständer können berührungsfrei gegenübergestellt oder für eine günstige Elektroinstallation zueinander versetzt angeordnet werden, wie hier dargestellt.
5 Installationswand, Ständer sind durch Plattenstreifen als Laschen verbunden
6 frei stehende Vorsatzschale mit Metallunterkonstruktion

Wandsysteme im Trockenbau

3

punkte an Decke und Boden darf maximal 100 cm betragen, bei seitlichen Anschlüssen sollten 70 cm nicht überschritten werden. Die Art des Anschlusses richtet sich nach den Verformungen, die nach dem Einbau der Montagewände für die angrenzenden Bauteile zu erwarten sind. Bei größeren Verformungen sind gleitende Anschlüsse vorzusehen (s. S. 36). Der prinzipielle Aufbau von Metallständerwänden ist in DIN 18183 geregelt.

Die Beplankung (Plattenbekleidung) wird kraftschlüssig an der Unterkonstruktion befestigt. Sie besteht aus dünnen Plattenwerkstoffen, in der Regel Gipswerkstoffplatten (Gipskarton- und Gipsfaserplatten). Das übliche Bauraster, auf das auch die Plattenformate abgestimmt werden, beträgt 62,5 cm. Abweichende Rastermaße der Unterkonstruktion können erreicht werden. Mit Bekleidungen aus Gipsplatten sind auch runde und räumlich gekrümmte Wandflächen möglich. Die Eigenschaften von Ständerwandsystemen sind in Tabelle T1 dargestellt.

Einfachständerwände
Einfachständerwände bestehen aus einer in einer Ebene angeordneten Unterkonstruktion, die je nach Anforderung und Wandseite ein-, zwei- oder mehrlagig mit Plattenwerkstoffen bekleidet wird (Abb. 1).

Doppelständerwände
Doppelständerwände bestehen aus zwei parallelen Ständerreihen, die jeweils einseitig ein-, zwei- oder mehrlagig bekleidet sind (Abb. 2 und 4). Die Ständer können dabei entweder versetzt oder parallel nebeneinander angeordnet sein. Bei der parallelen Anordnung sind die Ständer über einen entkoppelten Dämmstreifen miteinander verbunden oder stehen in geringem Abstand zueinander. Bei hohen Wandkonstruktionen bis zu 13 Metern werden die Ständerprofile über Plattenstreifen untereinander verknüpft, um die Gesamtsteifigkeit der Wandkonstruktion zu erhöhen. Doppelständerwände haben durch die getrennte Unterkonstruktion und die damit verbundene Entkopplung der beiden Wandschalen bessere Schallschutzeigenschaften als vergleichbare Einfachständerwände. Aus Gründen des Schallschutzes und der höheren Steifigkeit werden Doppelständer gewöhnlich mit zwei Plattenlagen beplankt.

Installationswände sind eine besondere Art von Doppelständerwänden. Sie werden zur Integration von gebäudetechnischen Installationen und im Bereich sanitärer Anlagen eingesetzt. Die Ständerwände werden so weit auseinander montiert, dass im Wandquerschnitt ausreichend Raum für horizontal und vertikal verlaufende Installationen entsteht (Abb. 5).

Vorsatzschalen und Schachtwände
Vorsatzschalen und Schachtwandsysteme mit Unterkonstruktion sind einseitig beplankte Einfachständerwände, die vor einem rückseitigen Bauteil (z. B. der bestehenden Wand einer Rohbaukonstruktion) angeordnet werden (Abb. 6). Durch ihren Einsatz können gezielt die bauphysikalischen Eigenschaften der vorhandenen Wand im Hinblick Brand-, Wärmeschutz verbessert werden. Vorsatzschalen wie Wandtrockenputz oder Vorsatzschalen aus Verbundplatten er-

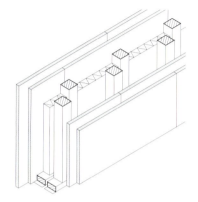

4

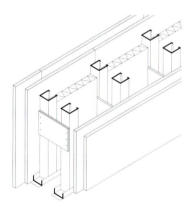

5

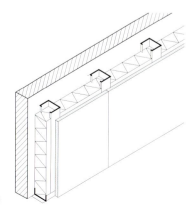

6

T1: Eigenschaften von Ständerwandsystemen

Wanddicke	7,5–15 cm
Wandraster	125 cm fugenlos
Wandhöhe	bis 13 m
Wandlänge	unbegrenzt
Gewicht	ca. 35–68 kg/m²
Schalldämmung R'_w nach DIN 52210	38 dB–67 dB (bei Wanddicken > 14 cm)
Brandschutz	F0–F180/REI 90-M

Wandsysteme im Trockenbau

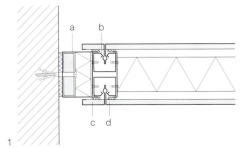

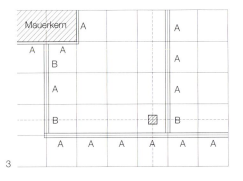

möglichen eine gestalterische Bekleidung des dahinter liegenden Bauteils. Der Hohlraum dient u. a. für Installationsleitungen.

Umsetzbare Trennwände
Unter umsetzbaren Trennwänden im Trockenbau versteht man industriell vorgefertigte Wandsysteme, die aufgrund ihres Aufbaus aus Standardelementen mit geringerem Aufwand montiert, demontiert und remontiert, also auch umgesetzt werden können. Die Ausstattungsmöglichkeiten beinhalten neben den Wandelementen in unterschiedlichen Rasterbreiten eine Vielzahl von Anschluss- und Abdeckprofilen, Türzargen, Türblätter, Verglasungen und Beschichtungen. Es wird ein breites Spektrum an lackierten oder beschichteten Oberflächen und Materialien angeboten. Bei der Verwendung vorgefertigter Komponenten ergeben sich Fugen, die nach bauphysikalischen, montagetechnischen und gestalterischen Gesichtspunkten bewertet werden müssen.

Bei Systemen, die »klassischen« Bandrastern folgen, sind Anschlüsse in jedem Knotenpunkt möglich. Sie bestehen aus einer Aneinanderreihung immer gleicher Wand- und Knotenelemente. Flexible Systeme in Achs- oder Linienraster weisen weniger Fugen auf, setzen sich aber aus unterschiedlich breiten Wand- und Anpasselementen zusammen. Letztere ergänzen das Raster der Wandelemente zum Raster der Rohbaukonstruktion (Abb. 2 und 3).
Verglichen mit herkömmlichen Montagewänden sind umsetzbare Trennwände weniger flexibel und in der Rasterung, Gestaltung und Formgebung anpassbar. Umsetzbare Trennwände haben eine geringere bauphysikalische Leistungsfähigkeit (z. B. Schalldämmmaß) als vergleichbare Ständerwandsysteme. Sie sind entweder als Schalen- oder Monoblockwände ausgebildet.

Schalenwände
Schalenwände bestehen aus einer Unterkonstruktion, Boden-, Wand- und Deckenanschlussprofilen, oberflächenfertigen Wandschalen und ggf. Dämmstoffen. Diese Elemente werden auf der Baustelle zur fertigen Wand montiert (Abb. 1). Die Vorteile liegen im geringeren Transportgewicht der Einzelteile und in der einfacheren Installationsführung. Je nach Ausführung können Schalldämmwerte von 42 dB bis 54 dB und Feuerwiderstandsklassen von F 30 (EI 30) bis F 120 (EI 120) erreicht werden.

Monoblockwände
Monoblockwände sind fertige Wandelemente, die aus einer Unterkonstruktion und einer Beplankung bestehen und einschließlich eventueller Füllung zum Einbauort geliefert und dort aufgebaut werden. Ihre leichte und schnelle Montage macht auch das Umsetzen dieser Wände entsprechend einfach. Die Installationsführung ist auf die horizontalen Anschlussprofile, den Bandrasterbereich oder spe-

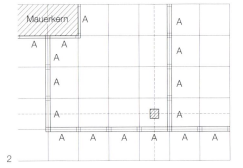

1   Schalenwand mit direkt in die Unterkonstruktion einklemmbaren Stahlblechschalen mit Gipskartoneinlage, Wandanschluss
    a U-Profil für Wandanschluss
    b Unterkonstruktion Klemmprofil
    c Wandanschlussleiste
    d Elementwandschale
2   einheitliche Wandelemente und Anschlussmöglichkeiten in beiden horizontalen Richtungen durch an das Bandraster angepasste Knotenpunkte
3   unterschiedliche Wand- und Anpasselemente bei Teilung entsprechend dem Linienraster
4   Glasrasterwände, Düsseldorfer Stadttor, Düsseldorf 1997, Petzinka Pink Architekten
5   Ausbau der Flurtrennwände mit Oberlicht, Zahnarztpraxis Ku 64, Berlin 2006, Graft Architekten
6, 7 Glastrennwandsysteme
    a Deckenprofil
    b Akustikfüllung aus 60 mm starker Steinwolle
    c Fensterrahmenprofil
    d Dichtungsprofil
    e Verglasung
    f Fensterschwelle
    g Bodenprofil

Wandsysteme
Statisch-konstruktive Anforderungen

ziell vorgesehene Trassen beschränkt. Monoblockwände haben üblicherweise Wandschalen aus Stahlblech oder Holzplattenwerkstoffen und optionale Deckbeschichtungen. Dabei kommen zum Einsatz: Melaminharzbeschichtete Spanplatten, Gipskartonplatten, die mit Stahlblech oder maschinell mit Vinylfolien beschichtet sind, Holzdekore, Echtholzfurniere und Vollkunststoffplatten.

Über die Decken- und Bodenschienen, die direkt am Wandelement befestigt sind, werden die Wandschalen an die jeweiligen Raumhöhen angepasst. Die Wandelemente werden durch Verbindungselemente, Schienen oder Klammern miteinander verbunden. Je nach Ausführung liegen die Schalldämmwerte zwischen 39 dB und 49 dB, mit Standardkonstruktionen aus Metall wird maximal die Feuerwiderstandsklasse F 30 erreicht. Die technischen Eigenschaften von Ständerwandsystemen sind in Tabelle T2 dargestellt.

Glastrennwandsysteme
Glastrennwandsysteme werden als oberflächenfertiges umsetzbares System in Schalenbauweise oder als Aluminium-Monoblockelement mit wandbündiger Doppelverglasung sowie mit demontierbaren Glasscheiben ausgeführt. Die Unterkonstruktion besteht aus einem Stahlständerwerk mit waagerechten Aussteifungen. Wand- und Deckenanschlüsse bestehen aus U-Stahlprofilen mit verdeckten elastischen Dichtungsstreifen. Die Glasfelder werden werkseitig verglast, damit ein Verschmutzen im Verglasungshohlraum ausgeschlossen werden kann. Jalousien lassen sich in den Scheibenzwischenraum integrieren. Die Verglasungen werden in der Regel mit 2–4 mm dickem Klarglas, je nach Schallschutzanforderungen auch mit einer Glasdicke von bis zu 7 mm ausgeführt (Abb. 6 und 7).

Die technischen Eigenschaften von Glastrennwandsystemen sind in Tabelle T3 aufgeführt.

Statisch-konstruktive Anforderungen an nicht tragende leichte Trennwände
Die Anforderungen an nicht tragende innere Trennwände und an leichte innere Trennwände sind in DIN 4103-1 (Anforderungen, Nachweise) festgelegt.

Danach sind nicht tragende innere Trennwände als Bauteile definiert, die nicht zur Gebäudeaussteifung herangezogen werden können und ihre Standsicherheit erst durch die Anschlüsse an die tragenden Bauteile des Bauwerks erhalten. Weiterhin zählen zu den inneren Trennwänden auch umsetzbare Raumtrennungen, allerdings keine senkrecht oder waagrecht beweglichen Trennwände, wie z. B. Falt- und Schiebewände. In DIN 4103-1 werden für die Anforderungen an Trennwände zwei Einbaubereiche unterschieden:
- Einbaubereich 1: Bereiche mit geringer Menschenansammlung (Wohnungen, Hotel-, Büro- und Krankenräume, einschließlich der Flure)
- Einbaubereich 2: Bereiche mit großer Menschenansammlung (Hörsäle, Versammlungs-, Schul-, Ausstellungs- und Verkaufsräume) sowie Trennwände zwischen Räumen mit einem Höhenunterschied der Fußböden ≥ 1 Meter

Ständerwände müssen außer ihrem Konstruktionsgewicht auch die auf ihre Fläche einwirkenden Lasten aufnehmen und zu den angrenzenden Bauteilen (Wände, Decken) weiterleiten. Hierzu gehören:
- Windlasten
- Konsollasten (Regale, Wandschränke, hängende WC-Becken, Waschtische u. Ä.)
- Stoßlasten (Menschenansammlungen, nutzungsinduzierte Beanspruchungen u. Ä.)

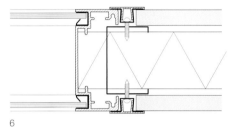

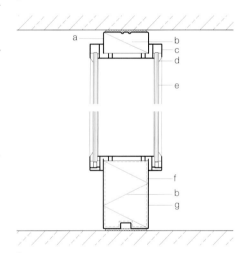

T2: Eigenschaften umsetzbarer Trennwandsysteme

Wanddicke	8–16 cm
Wandraster	40–125 cm
Wandhöhe	bis 6 m
Wandlänge	unbegrenzt
Gewicht	ca. 40–70 kg/m²
Schalldämmung R'$_w$ nach DIN 52210	bis 46 dB
Brandschutz	F 0–F 30

T3: Eigenschaften von Glastrennwandsystemen

Wanddicke	8–11 cm
Wandraster	125 cm
Wandhöhe	bis 8,5 m
Wandlänge	unbegrenzt
Gewicht	ca. 30–60 kg/m²
Schalldämmung R'$_w$ nach DIN 52210	40 dB–53 dB (bei Wanddicken > 10 cm)
Brandschutz	F 0–F 30/G 30

Wandsysteme
Statisch-konstruktive Anforderungen

1 Geometrie von Konsollasten nach DIN 18183
  P Konsollast
  e Exzentrizität ($e \leq 0{,}30$ m vor der Wandoberfläche)
  a Hebelarm der resultierenden Horizontalkräfte, für den Nachweis der Anschlüsse ($a \geq 0{,}30$ m)
2 zulässige Konsollast P je Wandseite in Abhängigkeit vom Abstand des Lastangriffspunkts e (Exzentrizität) von der Wandoberfläche (nach DIN 18183)
3 Ständerwandsystem mit Glaselementen

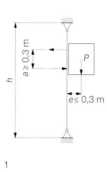

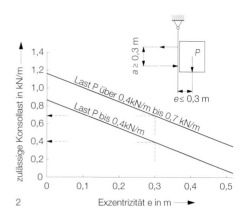

Da nicht tragende Montagewände keine Deckenlasten planmäßig aufnehmen dürfen, ist die Wandhöhenbegrenzung weitgehend abhängig von der horizontalen Belastung. Maximal sind Einbauhöhen bis 9 Meter möglich.

Windlasten
Bei nicht tragenden inneren Trennwänden, die durch größere Öffnungen (z. B. Tore) einer Beanspruchung durch Windlast ausgesetzt sind, ist ein Nachweis nach DIN 1055-4 mit dem halben Staudruck erforderlich.

Konsollasten
Trennwände müssen mit Ausnahme von durchscheinenden Wänden und Wandteilen (z. B. Glastrennwände) so ausgebildet sein, dass sich mäßige Konsollasten (z. B. Bücherregale und Wandschränke) an jeder Stelle der Wand in geeigneter Befestigungsart anbringen lassen (Abb. 1). Wobei deren Beanspruchung eine Last von 0,4 kN/m Wandlänge nicht übersteigen und bei denen die vertikale Wirkungslinie nicht mehr als 0,3 m von der Wandoberfläche verlaufen darf.

DIN 18183 »Montagewände aus Gipskartonplatten« baut auf DIN 4103 auf. Wände dürfen bis 1,5 kN/m und frei stehende Vorsatzschalen bis 0,4 kN/m durch Konsollasten beansprucht werden, ohne dass Grenzverformungen, Rissbildung oder sonstige Einschränkungen in der Gebrauchstauglichkeit entstehen. Die örtliche Einleitung der Konsollasten kann direkt durch die Beplankung, die Ständer oder durch geeignete Hilfskonstruktionen (z. B. in die Wand eingelegte Traversen) erfolgen. Bei einer Einleitung der Kräfte in die Beplankung muss der Abstand der Befestigungsmittel untereinander mindestens 75 mm betragen.

DIN 18183 unterscheidet zwischen leichten und sonstigen Konsollasten (s. Tabelle T4 und T5). Leichte Konsollasten, die 0,4 kN/m Wandlänge nicht überschreiten, dürfen an jeder beliebigen Stelle der Wand oder Vorsatzschale eingeleitet werden.
Darüber hinausgehende Konsollasten (sonstige Konsollasten) von 0,4 bis 0,7 kN/m Wandlänge dürfen in Einfachständerwände ebenfalls an jeder Stelle eingeleitet werden, sofern die Dicke d der Beplankung mindestens 18 mm beträgt. Bei Doppelständerwänden müssen die Ständerreihen zugfest (z. B. über Laschen) miteinander verbunden sein.

Abweichend von Abbildung 1 dürfen die Last P bzw. die Exzentrizität e verändert werden, wenn die in Abbildung 2 dargestellten Bedingungen eingehalten werden. Kräfte aus größeren Wandlasten (z. B. wandhängende WCs) werden durch Tragständer im Inneren der Wand auf benachbarte Ständer, Aussteifungsprofile und direkt in den Boden abgeleitet. Die Standsicherheit der Tragständer wird davon beeinflusst, in welcher Höhe sie am Wandprofil befestigt werden. Für abweichende Konsollasten kann ein gesonderter Nachweis nach DIN 4103-1 geführt werden.

Stoßlasten
Gegenüber stoßartigen Belastungen muss ein ausreichender Widerstand der Trennwände nachgewiesen werden. Hierbei wird unterschieden in:
• weicher Stoß, z. B. Anprall eines menschlichen Körpers
• harter Stoß, z. B. Aufprall harter Gegenstände

Für alle Ständerwände gilt grundsätzlich, dass sie beim Stoß beschädigt werden dürfen, es muss aber sichergestellt sein, dass sie weder aus ihrer Befestigung (z. B. an Wand oder Decke) herausgerissen werden, durch herabfallende Teile Menschen verletzen, noch in ihrer gesamten Dicke durchstoßen werden können.

Der Nachweis des weichen Stoßes wird als quasistatischer Lastfall zur Beurteilung des Verhaltens der gesamten Trennwand erbracht und kann entweder rechnerisch oder versuchstechnisch geführt werden. Der einwirkenden Energie, zusammengesetzt aus einer wirksamen Stoßkörpermasse und einer Aufprallgeschwindigkeit, wird die Widerstandsenergie der Trennwand gegenübergestellt.

Beim Nachweis des harten Stoßes wird im Versuch das Verhalten der Trennwand hinsichtlich örtlich begrenzter Zerstörung festgestellt. Die konstruktive Ausführung, wie z. B. die Aussteifung der Unterkonstruktion beim Einbau von Fenstern und Türen oder die Aufnahme größerer Konsollasten, muss vom Hersteller des Wandsystems nachgewiesen werden und erfolgt durch:

• Erhöhung des Widerstandsmoments der Ständer (größere Stegtiefe, stärkere Blechdicke)
• Auffütterung dünnwandiger Profile
• Einbau von Querriegeln
• Verstrebung gegen tragende Bauteile
• Verringerung der Ständerabstände

Lastansätze für das Eigengewicht
In der Bemessung der Tragwerkskonstruktion, sind alle vertikal und horizontal auftretbaren Lasten einzubeziehen. DIN 1055 bietet die Möglichkeit einer vereinfachten Berücksichtigung des Gewichts leichter Trennwände. Dabei kann das Gewicht leichter Trennwände durch einen gleichmäßigen Lastzuschlag von 0,75 kN/m² zur Verkehrslast berücksichtigt werden (s. Tabelle T6).

Für Decken mit einer Verkehrslast von mindestens p = 5,0 kN/m² kann der

Wandsysteme
Bauphysikalische Anforderungen

3

T4: zulässige leichte Konsollasten in Abhängigkeit von der Exzentrizität e (nach DIN 18183)

Exzentrizität e [cm]	10	15	20	25	30
zulässige Konsollast P [kN]	0,71	0,63	0,55	0,48	0,40

T5: zulässige »sonstige« Konsollasten in Abhängigkeit von der Exzentrizität e (nach DIN 18183)

Exzentrizität e [cm]	10	15	20	25	30
zulässige Konsollast P [kN]	1,00	0,93	0,85	0,78	0,70

T6: Zuschläge für die vereinfachte Berücksichtigung des Gewichts leichter Trennwände

Wandlast einschließlich Putz	Zuschlag zur Verkehrslast
bis 1,0 kN/m²	0,75 kN/m² Deckenfläche
bis 1,5 kN/m²	1,25 kN/m² Deckenfläche[1]

[1] nur zulässig bei Decken mit ausreichender Querverteilung

T7: Feuerwiderstände exemplarischer dickenoptimierter Metallständerwände (Ständerprofil CW 50 x 06)

Beschreibung	Ständer	Beplankung [mm]	Dämmstoff Dicke/Dichte	Dicke [mm]	Masse [kg/m²]	Brandschutz
	CW 50	12,5 GKF	MW 40/≥30	75	25	EI 30
	CW 50	12,5 GF	MW 40/20	75	34	EI 30
	CW 50	2 × 12,5 GKF	MW 40/40	100	49	EI 60
	CW 50	2 × 12,5 GKF	MW 40/100	100	49	EI 90
	CW 50	2 × 12,5 GF	MW 50/50	100	64	EI 90
	CW 50	3 × 12,5 GKF	MW 40/40	125	75	EI 120

Zuschlag bei unbelasteten Trennwänden mit einem Eigengewicht von höchstens g = 1,5 kN/m² Wandfläche entfallen.

Aufgrund ihres geringeren Eigengewichts, erfüllen Wandsysteme in Trockenbauweise die Anforderungen von DIN 1055 und können vereinfacht als pauschaler Zuschlag zu den Verkehrslasten berücksichtigt werden, da das Wandgewicht weniger als 1,5 kN/m² beträgt.

Bauphysikalische Anforderungen

Trennwände müssen neben der Funktion als Raumtrennung im Wesentlichen Anforderungen an den Schall- und Brandschutz erfüllen. Bei raumabschließenden Montagewänden, z.B. Trennwände zwischen zwei Wohnräumen oder Büronutzungseinheiten, Treppenraum- und Flurtrennwände, werden in der Regel Brand- und Schallschutzanforderungen gleichermaßen gestellt. Je nach Variation des Aufbaus der Standardkonstruktionen von Ständerwänden mit Gipsplatten sind Feuerwiderstandsklassen bis F 180 und Schalldämmmaße bis 67 dB wirtschaftlich erreichbar.

Bezogen auf die Brand- und Schallschutzanforderungen sind die Wandflächen im Allgemeinen verhältnismäßig einfach auszubilden. Besondere Sorgfalt erfordern:
- vertikale und horizontale Stöße der Einzelelemente
- Wand- und Deckenanschlüsse
- Einbau von lichtdurchlässigen Elementen
- Einbau von Türen
- Durchführung von Installationen

Die folgenden Grundsatzanforderungen sind für die fachgerechte Ausführung im Brand- und Schallschutz konform zu erbringen:
- Prinzip der Abschottung
- Dichtigkeit von Anschlüssen
- Dichtigkeit von Stoß- und Montagefugen
- Mehrlagigkeit der Beplankung bei erhöhten Anforderungen

Damit die Trennwand den Anforderungen hinsichtlich Brand- und Schallschutz genügt, müssen auch alle Bauteilanschlüsse den Raumabschluss sicherstellen. Kombinationen von Bauteilen müssen als Einheit den geforderten Feuerwiderstand oder Schallschutz erbringen.

Brandschutz
Der Feuerwiderstand wird maßgeblich von der Art und Dicke der Plattenwerkstoffe sowie des Dämmstoffs im Wandhohlraum bestimmt. Klassifizierte Wände sind in DIN 4102-4 enthalten. Zahlreiche weitere Konstruktionen sind von Platten- und Dämmstoffherstellern über allgemeine bauaufsichtliche Prüfzeugnisse (AbP) nachgewiesen, unter anderem

Wandsysteme
Bauphysikalische Anforderungen

auch Systembrandwände und Schachtwände in Trockenbauweise (s. Tabelle T7, S. 27).

Bei Sanierungs- und Umnutzungsmaßnahmen lassen sich Tragwerksverstärkungen durch leichte Brandschutzkonstruktionen in Trockenbauweise kompensieren. Da mit Trockenbauwänden bei geringeren Wanddicken die gleichen bauphysikalischen Eigenschaften bezüglich Brand- und Schallschutz erreicht werden wie mit massiven Wänden, vergrößert sich zudem die Wohn- und Nutzfläche eines Gebäudes.

Besondere Beachtung in der Planung bedürfen Durchdringungen von Installationen. Die brandschutztechnischen Schottsysteme des Massivbaus können nicht auf den Leichtbau übertragen werden. Die Eignung in einem speziellen Ständerwandsystem muss durch Prüfzeugnisse und Zulassungen erbracht werden (Abb. 4).

Schallschutz
Leichte Trennwände, z.B. Metallständerwände aus Gipsbauplatten, stellen aus bauakustischer Sicht zweischalige Bauteile dar. Im Vergleich zu einer Mauerwerkswand handelt es sich bei Ständerwänden um ein komplexes System, das sich aus mehreren Einzelkomponenten (Platten, Unterkonstruktion, Dämmstoff, Verbindungsmittel etc.) zusammensetzt. Die schalldämmenden Eigenschaften von leichten Ständerwandsystemen sind denjenigen von massiven Wänden mit einem bis zu zehn mal höheren Eigengewicht überlegen (s. Tabelle T8). Die Eigenschaften der Einzelkomponenten, deren Verarbeitungsqualität auf der Baustelle und die baulichen Randbedingungen nehmen Einfluss auf die resultierende Schalldämmung der Trennwand (Abb. 3).

Im Wesentlichen wird die Schalldämmung von den Eigenschaften der beiden Einzelschalen (Plattenwerkstoff, Plattendicke und Anzahl der Plattenlagen), der Verbindung der beiden Schalen (Unterkonstruktion und Verbindungsmittel) und dem Dämmstoff im Hohlraum beeinflusst. Die wichtigsten Faktoren sind in Tabelle T9 beschrieben. Beispiele für Schallschutzsonderprofile sind in Abbildung 2 dargestellt.

Bei leichten Trennwandsystemen ist die Schalldämmumg den Prüfzeugnissen

T8: akustische Eigenschaften von Wandaufbauten in Trockenbauweise im Vergleich zum Massivbau

Konstruktion	Bauteildicke [mm]	flächenbezogenes Gewicht [kg/m²]	bewertetes Schalldämmmaß $R_{w,R}$ [dB]	Brandschutz[1]
Einfachständerwand einfache Beplankung mit GF, GKB	75–125	35–45	40–54	F30–A
Einfachständerwand doppelte Beplankung mit GF, GKB	100–150	45–65	47–60	F60–A F90–A
Einfachständerwand mit »Resilient Channels« doppelte Beplankung mit GF, GKB	ca. 155	ca. 52	ca. 61	F60–A F90–A
Doppelständerwand doppelte Beplankung mit GF, GKB	175–275	65–80	59–65	F90–A F120–A
massive Ziegel- und Kalksandsteinwand 11,5 cm, verputzt	145	160–240	42–47	F90–A F120–A
massive Ziegel- und Kalksandsteinwand 24,0 cm, verputzt	270	260–500	48–55	F180–A BW

Wandsysteme
Bauphysikalische Anforderungen

1 akustisch wirksame Vorsatzschale zur Bekleidung eines Installationsschachts
2 Beispiele für Schallschutzsonderprofile
3 Systemkomponenten mit Einfluss auf das schalltechnische Verhalten von leichten Trennwänden
   a Baustoff
   b Abstand
   c Beschwerung
   d Schalenabstand
   e Dicke
   f Lagigkeit und Dicke
   g Art des Ständers
   h Verbindung, eventuelle Querlattung
4 brandschutztechnische Abschottung von Rohrleitungen und Kabelkanälen bei der Durchführung durch brandschutztechnisch klassifizierte Trennwände
   a Brandschutzspachtelmasse
   b Brandschutzbeschichtung
   c Rohrmanschette für brennbare Rohre

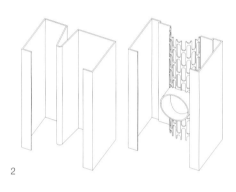

T9: Einflussfaktoren auf die Schalldämmung leichter Ständerwandsysteme

Systembestandteil	physikalischer Einflussfaktor	praktischer Einflussfaktor mit positiver Wirkung auf die Schalldämmung
Beplankung (Einzelschale)	Biegesteifigkeit	• Begrenzung der Plattendicke[1] • Plattenstruktur, Plattenwerkstoff[2]
	flächenbezogene Masse	• Mehrlagigkeit • Rohdichte des Plattenwerkstoffs • Beschwerung der Beplankung[3]
Unterkonstruktion, Verbindungselemente	Entkopplung der Schalen	• akustisch optimierte Ständer (z. B. sind spezielle federnde Metallständerprofile akustisch besser als CW-Standardprofile, diese sind wiederum besser als Holzständer) • großer Ständerabstand • großer Schalenabstand (Bauteildicke) • getrennte Unterkonstruktion, z. B. Doppelständerwand • Zwischenelemente (z. B. Querlattung, Dämmstreifen oder Federelemente) • Befestigung der Beplankung (z. B. Verbindungsmittelabstand, Art der Befestigung)
Dämmstoffe	Schallabsorption	• Füllgrad 80 % des Hohlraums • Art und Eigenschaften des Dämmstoffs (z. B. Strömungswiderstand)

[1] Beispiele für biegeweiche Beplankungen sind Gipskartonplatten (12,5 bis 15 mm), Gipsfaserplatten (10 bis 15 mm) und Holzwerkstoffplatten (13 bis 16 mm).
[2] Spezielle Gipskarton-Schallschutzplatten weisen gegenüber herkömmlichen Gipskartonplatten eine geringere Biegesteifigkeit auf.
[3] Eine Erhöhung der flächenbezogenen Masse durch Beschwerung der Innenseite der Schalen mit Gummi, Bleiblech oder Bitumenbahnen bringt eine Verbesserung von 5 bis 10 dB. Ebenso ist ein Anheften oder Ankleben von Gipsbau- oder Hartfaserplatten möglich.

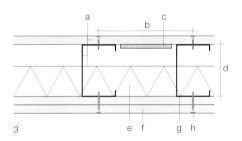

bzw. bei Metallständerwänden auch DIN 4109, Beiblatt 1, zu entnehmen. Hierbei muss beachtet werden, dass Veränderungen am ungestörten Wandaufbau einen (meist negativen) Einfluss auf die Schalldämmwirkung einer Wand haben, z. B.:
• Einbauten wie Steckdosen, Revisionsklappen, Einbauleuchten
• Türen, Oberlichter, Verglasungen
• Schwächungen im Anschlussbereich und bei Übergängen (z. B. Schattenfugen, Reduzieranschlüsse an die Fassade, Fassadenschwerter, wandflächenbündige Sockelleisten und gleitende Deckenanschlüsse)

Flankierende Bauteile (Decke/Unterdecke, Fassade/Flurwand, Estrich/Bodensysteme), Nebenwege (z. B. Kabelkanäle und Installationen) und die Anschlussausbildung der Trennwände an diese Bauteile beeinflussen die Schalldämmung ebenso.

Für Schallschutzanforderungen über 42 dB müssen normalerweise doppelt beplankte Einfachständerwände, Ständerwandsondersysteme oder hochwertige Systemtrennwände verwendet werden. Wenn Schalldämmmaße über 53 dB erforerlich sind (z. B. Nutzertrennwände), werden für gewöhnlich Doppelständerwände eingesetzt.

Eine hohe bauliche Flexibilität bedingt, dass Wandsysteme schnell und wirtschaftlich an beliebiger Stelle angeschlossen werden können. Entsprechend einfach müssen die Anschlüsse ausführbar sein. Die Anbindung erfolgt in der Regel

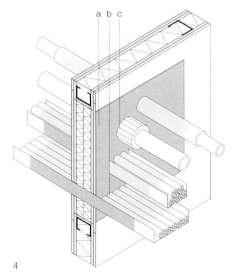

Wandsysteme
Bauphysikalische Anforderungen

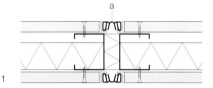

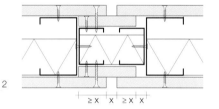

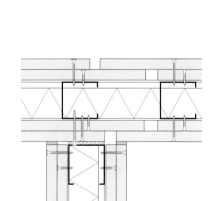

an die Oberfläche der flankierenden Bauteile. Bei der Gebäudeplanung wir festgelegt, zwischen welchen Gebäudebereichen Schallschutzanforderungen zu erwarten sind – z. B. wo potenzielle Grenzen zwischen Nutzungseinheiten liegen.

Diese Bereiche sind üblicherweise durch das Tragwerk, die Gliederung des Gebäudes, die Erschließung, die technische Gebäudeausstattung und die Installationsführung definiert. In den dazwischen liegenden »Nebenbereichen« ist

T10: Schalllängsleitung von Anschlüssen »Wand an Wand« (T-Stöße) im Trockenbau und im Vergleich zum Massivbau

Anschlussausbildung der flankierenden Wände an die Trennwand		Schalllängsdämmmaß $R_{L,w,R}$ der flankierenden Wände [dB]	Schalldämmmaß $R_{w,R}$ der Trennwand [dB]	resultierendes Schalldämmmaß $R'_{w,R}$ [dB][1]
1		53 nach DIN 4109, GKB	42 GKB[2]	41
		57 Prüfzeugnis, GF	52 Prüfzeugnis, GF	49
2		57 nach DIN 4109, GKB	52 GKB[2]	49
		62 Prüfzeugnis, GF	57 Prüfzeugnis, GF	54
3		75 in Anlehnung an DIN 4109, GKB	54 GKB[2]	54
		75 in Anlehnung an Prüfzeugnis GF	60 GF[2]	59
4		75 nach DIN 4109, GKB	60 GKB[2]	59
		75 Prüfzeugnis, GF	64 Prüfzeugnis, GF	63
5		ca. 76 in Anlehnung an DIN 4109, GKB	64 GKB[2]	63
		ca. 76 in Anlehnung an Prüfzeugnis GF	68 GF[2]	66
Vergleichskonstruktion zu 4		300 kg 17,5 cm KS-1,8	960 kg ~ 42 cm Stahlbeton	63
		400 kg 24 cm KS-1,8	810 kg ~ 35 cm Stahlbeton	63
		600 kg 30 cm KS-1,8	600 kg ~ 26 cm Stahlbeton	63

[1] Schallübertragung über die Trennwand und zwei gleichartige flankierende Wände [dB], entsprechend der Abbildung
[2] Mittelwert für die dargestellte Konstruktion, ermittelt in einer Messreihe der Gipskartonplatten-Industrie für Gipskarton-Metallständerwände

1 Bewegungsfuge mit Fugenprofil
  a Alu-Trägerprofil mit elastischer Einlage
2 Bewegungsfuge F 30, x = Fugenbreite
3 Bewegungsfuge F 30 in Flurwand, Fuge innenseitig durch Trennwandanschluss verdeckt (gegen Trennstreifen gespachtelt oder elastisch verfugt)
4 Einfachständerwand, Eckausbildung mit CW-Profilen
  a geschraubte Variante
  b geklammerte Variante
5 frei stehendes Wandende
6 Einfachständerwand, Eckausbildung mit LW-Profilen

Wandsysteme
Anschlüsse und Details

meist ein geringerer Schallschutz ausreichend. Hier können einfachere Anschlüsse zugunsten einer höheren Flexibilität gewählt werden (s. Tabelle T10).

Bauakustische Anschlüsse von leichten Trennwänden
Beim Anschluss von leichten Trennbauteilen an Massivbauteile ist die Schalllängsleitung von der flächenbezogenen Masse der massiven Bauteile abhängig. Eine geringe Schalllängsleitung über flankierende Leichtbauteile wird mit den im Folgenden aufgeführten Maßnahmen erreicht, wobei die Wirkung mit der Reihenfolge der Aufzählung zunimmt.
• Bodenanschluss: Aufschneiden von schwimmenden Estrichen im Verlauf der Trennwand oder vollständige Unterbrechung des Estrichs durch die Trennwand
• Wandanschluss: Dämmung des Hohlraums der flankierenden Wand, mehrlagige Beplankung der flankierenden Wand, Unterbrechung der Beplankung im Anschlussbereich der Trennwand durch eine Fuge oder über die gesamte Wandtiefe
• Deckenanschluss: Faserdämmstoffauflage (Mineralwolle) auf der Unterdecke, mehrlagige Bekleidung bei flankierenden Decken mit geschlossener Fläche, Unterbrechung der Bekleidung im Anschlussbereich der Trennwand durch eine Fuge oder über die gesamte Wandtiefe, vollständige Abschottung des Deckenhohlraums im Anschlussbereich der Trennwand durch ein Absorber- oder Plattenschott oder durch Führen der Trennwand bis an die Rohdecke

Die Werte für die Schalllängsleitung, abhängig vom Aufbau der flankierenden Bauteile und der Anschlussausbildung zur Trennwand, sind den Schallschutznormen sowie den Veröffentlichungen und Firmenunterlagen zu entnehmen.

Mögliche Anforderungen an Wandsysteme, vor allem an deren Beplankung, sind in Tabelle T11 und T12 (s. S. 32) in Form einer Übersicht, der für die Planung maßgebenden Kriterien aufgeführt.

Anschlüsse und Details
Bewegungsfugen
Bewegungsfugen im Baukörper sind an gleicher Stelle auch in den Ständerwandkonstruktionen vorzusehen. Lange Wände müssen durch Bewegungsfugen in Abschnitte unterteilt werden. Lage und Anzahl der Fugen richten sich nach den baulichen Gegebenheiten. Der Abstand der Dehnungsfugen soll bei Gipskartonplatten ca. 15 m (DIN 18181) und bei Gipsfaserplatten ca. 8 m nicht überschreiten.

Bei Schall- und Brandschutzanforderungen sind die Bewegungsfugen auf diese Anforderungen abzustimmen, damit die Eigenschaften der Wand nicht durch die Fugenausbildung geschwächt werden. Nach DIN 4102-4 werden die Feuerwiderstandsklassen mit klassifizierten Bewegungsfugen von F30 bis F90 erreicht, sofern die konstruktiven Brandschutzbedingungen hinsichtlich der Beplankung und der Dämmstoffe eingehalten werden (Abb. 1–3).

Frei stehende Wandenden und -ecken
Bei Wandhöhen über 2,60 m ist als Abschluss des freien Wandendes ein 2 mm dickes UA-Profil als Unterkonstruktion anzuordnen (Abb. 5). Wandecken können mit Standard CW-Profilen (Abb. 4) oder mit LW-Inneneckprofilen (Abb. 6) ausgeführt werden. Die Eckausbildungen sind auch brandschutztechnisch nachgewiesen (F30-A bis F90-A) und in beliebigen Winkeln möglich. Zum Schutz vor Beschädigungen sollte die Beplankung der Außenecke mit eingespachtelten Kantenschutzprofilen versehen werden.

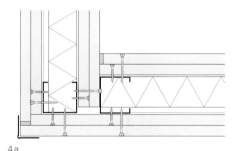
4a

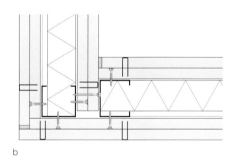
b

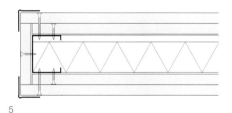
5

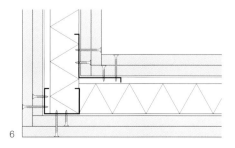
6

Wandsysteme
Anschlüsse und Details

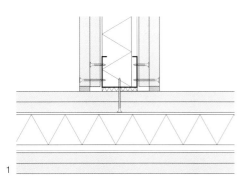

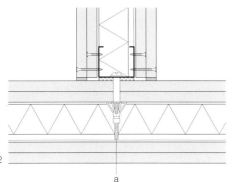
a

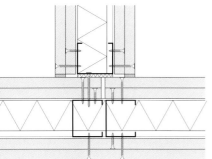

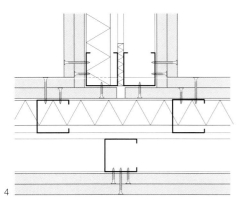

T11: Checkliste zur Auswahl eines geeigneten Wandsystems

Systemeigenschaften	• Wanddicke • Wandhöhe • Wandgewicht • Flexibilität, Umsetzbarkeit • Integration von Technik, Installationen • Belastbarkeit: Konsollasten, Schocksicherheit usw. • Integration von Fenstern, Türen, Durchführungen usw. • baubetriebliche Aspekte (Bauzeit, Wartezeit, Bauablauf)
bauphysikalische Eigenschaften	• Feuerwiderstand • Luftschalldämmung • Schalllängsdämmung • Wärmedämmung
Erfüllung von Sonderanforderungen	• Strahlenschutz • Reinraumwand • Schussfestigkeit usw.
Gestaltung	• fugenfrei oder elementiert • geschwungene Formen • Oberfläche
Kosten	• Herstellungskosten • Entsorgungskosten • Kosten für Umsetzen der Wände • Kosten für nachträgliche Einbauten

T12: Checkliste zur Auswahl des geeigneten Plattenwerkstoffs (Beplankung)

mechanische Eigenschaften	• mechanische Festigkeit (Biegefestigkeit) • Stoßfestigkeit • Oberflächenhärte, Druckfestigkeit
bauphysikalische Eigenschaften	• Brandschutz (Baustoffklasse) • Feuchteempfindlichkeit • Diffusionsoffenheit, Sorptionsfähigkeit • Maßhaltigkeit, Dehnungsverhalten
Oberfläche	• Material • Art der Reinigung • Beschichtbarkeit (streichen, verputzen, tapezieren usw.)
Handhabung	• Verarbeitung, Formbarkeit • Gewicht (Transport) • Abmessungen (Dicke, Länge, Breite) • Verbindungsmittel, Verfugung

Für die Eckausbildung von Doppelständerwänden und Vorsatzschalen gilt prinzipiell das Gleiche wie für Einfachständerwände.

Anschlusssysteme an angrenzende Bauteile
Je nach Anschlusssystem können eventuell Verformungen der angrenzenden Bauteile auftreten. Im Allgemeinen erfolgt der Anschluss elastisch oder gleitend. Bei vernachlässigbarer Verformung der angrenzenden Bauteile kann ein starrer Anschluss ausgebildet werden.

Es lassen sich grundsätzlich folgende Anschlussarten unterteilen:
• starre Anschlüsse (z. B. Anschlussprofile unter Verwendung von Dübel, Anker oder Stahleinlagen)
• gleitende Anschlüsse (z. B. Anordnung von Profilen an angrenzende Bauteile,

Wandsysteme
Anschlüsse und Details

1 T-Stoß mit durchlaufender Beplankung, Anschlussausbildung bei Konstruktionen mit Gipsfaserplatten
2 T-Stoß mit durchlaufender Beplankung und Hohlraumdübel (a) bei nachträglichem Anschluss einer Wand (Bei Konstruktionen mit Gipsfaserplatten können statt des Hohlraumdübels Schnellbauschrauben verwendet werden.)
3 T-Stoß mit Trennfuge
4 Doppelständerwände, T-Stoß mit Trennfuge
5 Doppelständerwand an Einfachständerwand, T-Stoß mit ausgesparter Beplankung, Unterkonstruktion LW-Profile
6 T-Stoß mit ausgesparter Beplankung, Unterkonstruktion CW-Profile
7 T-Stoß mit ausgesparter Beplankung, Unterkonstruktion LW-Profile
8 T-Stoß mit ausgesparter Beplankung, Unterkonstruktion CW-Profile

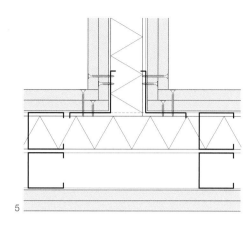
5

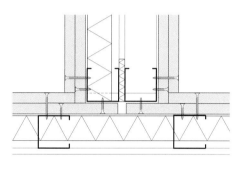
6

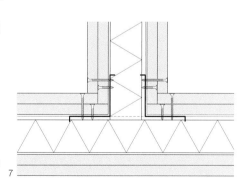
7

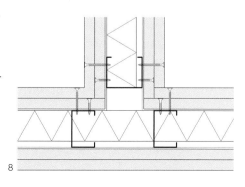
8

in denen ein Gleiten der Trennwand gewährleistet ist, durch ineinandergreifende Metallprofile oder bei Leichtskelett- und Elementwänden durch überstehende Beplankung)
• elastische Anschlüsse (z. B. durch elastische Stoffe oder Spannschrauben mit Federn)

Anschlüsse Wand an Wand (T-Stoß)
Bei Wandkonstruktionen mit Gipskartonplatten wird der Montagewandanschluss an die flankierende Wand mit einem Trennstreifen ausgeführt. Bei Konstruktionen mit Gipsfaserplatten wird die untere Lage stumpf gegen den Dämmstreifen gestoßen und die äußere Lage als Spachtelfuge mit Trennstreifen ausgebildet (Abb. 1 und 2).

Bei der konstruktiven Durchbildung von Ständerwandanschlüssen an flankierende Trockenbauwände ist deren Ausführung entscheidend für die akustische Wertigkeit dieses Details. Je größer die Schalllängsdämmung des flankierenden Bauteils ist, umso vorteilhafter wirkt sie sich auf die resultierende Schalldämmung des Systems aus.

Eine durchlaufende einlagige Beplankung als Wandanschluss kann bei hohen Schallschutzanforderungen nicht vorgesehen werden. Die Schalllängsdämmung beträgt nach DIN 4109, Beiblatt 1, für eine einlagige Beplankung aus Gipskartonplatten ca. 53 dB. Mit Gipsfaserplatten sind Rechenwerte bis 57 dB und ohne Hohlraumdämmung der flankierenden Wand Rechenwerte bis 53 dB möglich.

Eine zweilagige Beplankung der flankierenden Wand mit Gipskartonplatten erreicht Schalllängsdämmmaße bis 55 dB. Bei zweilagiger Konstruktion mit Gipsfaserplatten lassen sich bis 62 dB und ohne Hohlraumdämmung der flankierenden Wand Rechenwerte bis 57 dB erzielen (Abb. 3 und 4).

Trennt man die Beplankung der flankierenden Wand im Anschlussbereich der trennenden Wand durch eine Fuge, verbessert sich die Längsschalldämmung bei einlagiger Beplankung um bis zu 3 dB. Durch die Ausbildung einer Fuge können sich bei zweilagiger Beplankung der flankierenden Wand mit Gipskartonplatten Schalllängsdämmmaße bis 57 dB ergeben. Bei einer zweilagigen Plattenbekleidung der flankierenden Wand mit Gipsfaserplatten sind es ca. 65 dB. Montagewände ohne Brandschutzanforderungen dürfen an F-90-Wände mit einer Trennfuge angeschlossen werden.

Für besonders hohe Schallschutzanforderungen existieren Sonderkonstruktionen unter Einsatz von LW-Eckprofilen. Hierbei wird die Beplankung im Anschlussbereich der Trennwand ausgespart, was eine optimale Unterbrechung der Schalllängsleitung erzeugt. Dabei beträgt bei einlagiger Beplankung der flankierenden Wand mit Gipskartonplatten das Schalllängsdämmmaß ca. 73 dB, bei zweilagiger Beplankung über 75 dB. Eine derartige Anschlussausbildung mit LW-Profilen ist nicht in DIN 4102 enthalten, aber durch allgemeine bauaufsichtliche Prüfzeugnisse nachgewiesen (Abb. 5 und 7). Durch die Verwendung spezieller Innen- und Außenwinkelprofile kann der Wandanschluss auch stumpfwinkelig mit variierenden Winkelabmessungen hergestellt werden.

Falls für einen Anschluss CW-Ständerprofile anstelle von LW-Profilen verwendet werden, ergeben sich für diesen geringfügig biegesteiferen Anschluss leicht geminderte Schallschutzwerte (Abb. 7 und 8). Für die T-Stöße von Doppelständerwänden und Kombinationen von Ein-

Wandsysteme
Anschlüsse und Details

1 Anschluss Trennwand an Massivwand, Nassputz getrennt
2 Anschluss Trennwand an verputzte Massivwand bzw. Sichtbetonwand
3 Trennwandanschluss an Massivwand mit frei stehender Vorsatzschale
4 schwebende Decken und Wände – inszeniertes Spiel von Licht und Schatten in Trockenbauweise, Arztpraxis, Frankfurt 2007, Ian Shaw Architekten
5 Trennwandanschluss an eine Außenwand, die mit einer Vorsatzschale mit Dampfbremse (a) bekleidet ist
6 Anschluss einer Wohnungstrennwand an eine Außenwand, die mit einer Verbundplatte mit Dampfbremse bekleidet ist
7 Anschluss einer Wohnungstrennwand an eine Außenwand, die mit einer Gipsfaserverbundplatte mit Dampfbremse bekleidet ist

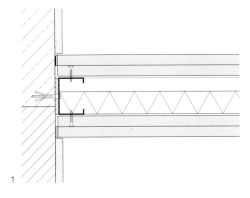

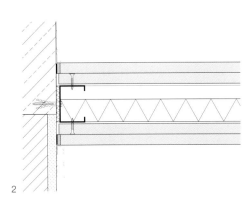

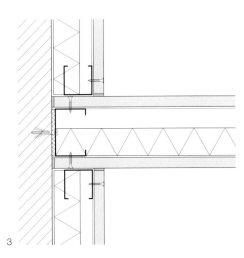

fach- und Doppelständerwänden gilt prinzipiell das Gleiche wie für Einfachständerwände. Der T-Stoß einer Doppelständerwand an eine flankierende Wand mit durchlaufender Beplankung ergibt schalltechnisch keinen Sinn.

Wandanschlüsse an Massivwände (T-Anschluss)
Beim Anschluss einer Ständerwand an eine Massivwand unterscheidet man zwei Varianten. Erfolgt der Trennwandanschluss an einer Rohwand, die später verputzt wird, so ist am Wandanschluss ein einseitig selbstklebender Trennstreifen auf die Beplankung aufzubringen, welcher einerseits die Platte vor Durchfeuchtung schützt und andererseits für eine geradlinig verlaufende Trennung des abgebundenen Nassputzes sorgt. Nach dem Austrocknen des Nassputzes ist der Trennstreifen putzbündig abzuschneiden. Alternativ kann auch ein Kellenschnitt oder ein Trennprofil vorgesehen werden (Abb. 1).

Wird die Montagewand an ein Bauteil mit bereits fertiger Oberfläche angeschlossen (z. B. geputzte Massivwand, Sichtbetonwand), so muss ein Trennstreifen hinterlegt und dieser nach Aushärten der Spachtelmasse bündig zur Beplankung abgeschnitten, oder der Anschluss elastisch ausgeführt werden (Abb. 2).

Bei beiden Varianten erfolgt eine bewusst herbeigeführte saubere und geradlinig verlaufende Trennung der unterschiedlichen Materialien.

Anschlüsse an Massivwände mit Vorsatzschalen
Werden Trennwände an Massivwände angeschlossen, die mit Vorsatzschalen oder Verbundplatten (z. B. Innendämmung) zu versehen sind, hängt die Anschlussausbildung von den Anforderungen an die Vorsatzschale bzw. den Trockenputz und an die Trennwand ab. Liegen Vorsatzschale bzw. Trockenputz vor einer Innenwand und erfüllen keine bauphysikalischen Anforderungen, so sollte die Trennwand zur Erhaltung Ihrer Schall- und Brandschutzeigenschaften direkt an die Massivwand angeschlossen werden (Abb. 3).

Ist die Vorsatzschale vor Außenbauteilen angeordnet, so leistet sie meist Aufgaben des Wärme- und Feuchteschutzes. Existieren keine besonderen Brand- und Schallschutzanforderungen an die Trennwand, so sollte die Trennwand an der Vorsatzschale angeschlossen werden, um die Wärmedämmung und eine eventuell vorhandene Dampfbremse nicht zu unterbrechen. Dabei ist zu beachten, dass vor allem bei Verbundplatten mit Hartschaumdämmung die Schalllängsleitung hoch ist.

Werden Schall- oder Brandschutzanforderungen an die Trennwand gestellt (z. B. Wohnungstrennwand), so muss die Vorsatzschale durch die Trennwand unterbrochen werden. Ist eine Dampfbremse vorgesehen, muss diese auch im Anschlussbereich der Trennwand erhalten bleiben. Durch Ausbildung des Trennwandanschlusses entsprechend den Abbildungen 5 bis 7 ist eine durchgehende Dämmschicht und Dampfbremse gewährleistet, Brandschutzanforderungen können erfüllt werden.

Anschlüsse mit Schattenfugen
Wandanschlüsse mit Schattenfugen sind besonders an Massivwänden oder an Massivdecken verbreitet. Ohne weitere konstruktive Maßnahmen wirkt sich ein Anschluss mit Schattenfuge brand- und schallschutzmindernd auf die Trennwand aus. So können je nach Schallschutzqualität der Trennwand Minderungen bis zu

Wandsysteme
Anschlüsse und Details

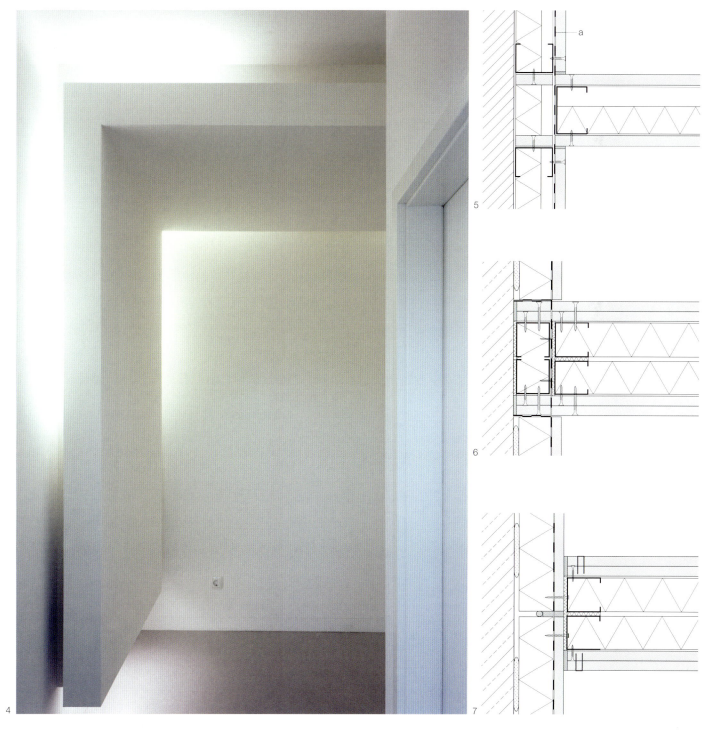

Wandsysteme
Anschlüsse und Details

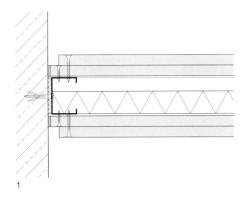

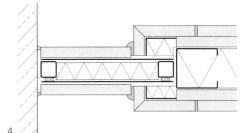

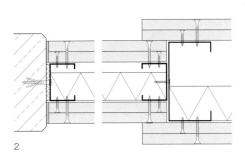

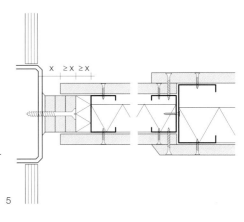

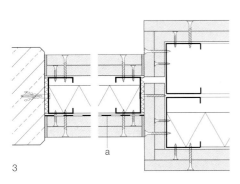

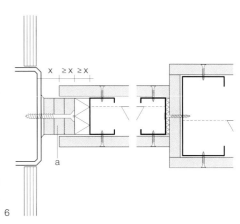

7 dB auftreten. Dieser empfindliche Schallschutzeinbruch und der ungenügende Brandschutz durch die nur einlagige Beplankung im Anschlussbereich müssen durch ein inneres »Aufdoppeln« der Beplankung fast vollständig ausgeglichen werden; je größer dabei die Stegbreite des CW-Profils des Ständers ist, desto vorteilhafter (Abb. 1).

Bei einem Wandanschluss mit Schattenfuge an geputzte Massiv- oder Sichtbetonwände sollte grundsätzlich die jeweils untere, an die Wand stoßende Plattenlage mit elastoplastischem Kitt abgedichtet werden.

Reduzieranschlüsse und gleitende Wandanschlüsse
Um Ständerwände an Fassaden anzuschließen, muss oft die Dicke der Wand auf das Maß des Fassadenprofils reduziert werden (Abb. 3). Der Flächenanteil des reduzierten Wandstücks sollte dabei möglichst gering bleiben, damit die daraus resultierenden Schallschutzminderungen der Trennwand begrenzt werden. Ist nur eine geringfügige Verringerung der Wanddicke notwendig, so bietet sich ein Reduzieranschluss nach dem Prinzip »Wand in Wand« an (Abb. 2).

Da bei dieser Ausführungsvariante die Beplankungsdicke und die Mineralwolleinlage der Wand auch im Reduzierbereich beibehalten werden, wird die Gesamtkonstruktion bezüglich des Brandschutzes nicht beeinträchtigt. Sind an solche Konstruktionen Brandschutzanforderungen gestellt, muss im Reduzierbereich die gleiche Beplankungsdicke und Mineralwolleinlage wie im übrigen Wandbereich eingeplant werden.
Bei einer deutlichen Verringerung der Wanddicke erfolgt der Reduzieranschluss als »Wand an Wand«-Konstruktion. Da im Reduzierbereich die Wanddicke sehr viel

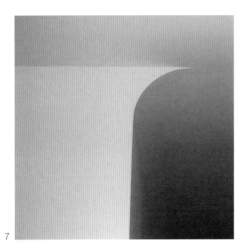

geringer ist als die ursprüngliche, sind die Schalldämmwerte der gesamten Wand verringert. Als Ausgleich können eine Bleifolie im Reduzierbereich ein- oder beidseitig angebracht oder bleifolienkaschierte Platten verwendet werden (Abb. 4).

Gleitende Anschlüsse sind erforderlich, wenn mit einer Bewegung des Anschlussbauteils, z.B. eines leichten Fassadenelements infolge auftretender Windlast, gerechnet wird (Abb. 5 und 6, 8 und 9). Bei gleichzeitiger Reduzierung der Wanddicke wird der gleitende Wandanschluss analog dem gleitenden Deckenanschluss mittels Plattenstreifen im Anschlussbereich ausgeführt (s. S. 38).

Anschlüsse von Glastrennwänden werden entsprechend den Systemvorgaben des Herstellers durchgeführt. Bei Schwertanschlüssen kommen auch oftmals Reduzieranschlüsse als Sonderlösungen aus einzelnen Scheibenelementen aus Einscheibensicherheitsglas (ESG) oder Verbundsicherheitsglas (VSG) zum Einsatz. Werden Beplankungsdicke und Mineralwolleinlage wie im übrigen Wandbereich beibehalten, wird die Gesamtkonstruktion im Brandschutz nicht beeinträchtigt.

Anschlüsse von Ständerwänden an den Boden
Dichte Anschlüsse der Trennwand am Boden sind für den Schallschutz von ausschlaggebender Bedeutung. Die Anordnung einer Anschlussdichtung ist daher zwingend notwendig. Anschlussdichtungen, die zudem Brandschutzanforderungen besitzen, müssen der Baustoffklasse A (z.B. Mineralwollstreifen) angehören. Die Schalllängsleitung über den Fußboden wirkt sich auf die resultierende Schalldämmung der Trennwand aus. Hier kommt dem Detail der Ausbildung Wand/Fußboden besondere Bedeutung zu.

Kommt ein Verbundestrich zum Einsatz, bildet dieser mit der Massivdecke akustisch ein einheitliches massives Bauteil. Die Schalldämmung des Gesamtsystems ist abhängig von der resultierenden flächenbezogenen Masse der Rohdecke zusammen mit dem Verbundestrich. Große Gesamtflächengewichte ergeben eine hohe Schalllängsdämmung und somit eine gute Schalldämmung (S. 38, Abb. 1).

Bei Ausführung eines schwimmenden Estrichs ist für die Schallübertragung die Anschlussausbildung zwischen Trennwand und Estrich maßgebend. Wenn man einen durchlaufenden schwimmenden Estrich verwendet, ist die Schalllängsleitung sehr hoch, bei Schallschutzanforderungen an die Trennwand hingegen ist diese Variante unbefriedigend. Ein Vorteil besteht darin, dass die Wände ohne Eingriff in den Boden jederzeit umzusetzen sind. Durchlaufender Asphaltestrich verhält sich schalltechnisch etwas vorteilhafter als durchlaufender mineralischer Estrich.

Hohe Schallschutzanforderungen an die Trennwand erfordern, dass der schwimmende Estrich von den Raumtrennwänden unterbrochen werden muss (S. 38, Abb. 2). Eine Zwischenlösung mit mittlerem Schallschutzniveau bietet die Anordnung einer akustisch wirksamen Trennfuge im Bereich des Wandanschlusses (S. 38, Abb. 3 und 4).

Brandschutztechnisch sind bei Fußbodenanschlüssen an Massivdecken, entsprechend den Details, keine weiteren konstruktiven Besonderheiten zu berücksichtigen.

Eine reduzierte Beplankung im Sockelbereich, z.B. für das Hochführen von Bodenbelägen oder flächenbündigen Sockel-

1 Anschluss Trennwand an Massivwand mit Schattenfuge ohne Anforderungen
2 Reduzieranschluss Einfachständer »Wand in Wand«
3 Reduzieranschluss Doppelständer »Wand an Wand« mit Bleifolieneinlage (a) im Reduzierbereich
4 GK-Schwert (Breite 56 mm, $R_{w,R}$ = 50 dB)
5 gleitender Reduzieranschluss »Wand in Wand«
 x Fugenbeite
6 gleitender Reduzieranschluss »Wand an Wand«
 x Fugenbeite
 a Plattenstreifen
7 abgerundeter Übergang Wand an Decke
8 schlanker, gleitender Reduzieranschluss mit Schallschutzanforderungen, Anschluss an Alu-Fassade mit getrennten Profilen
 a 2,5 mm Bleifolie
9 gleitender Anschluss einer Trennwand an leichtes Außenwandelement »Wand in Wand«

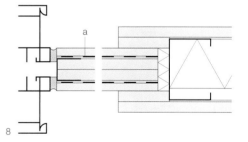

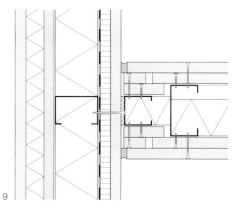

Wandsysteme
Anschlüsse und Details

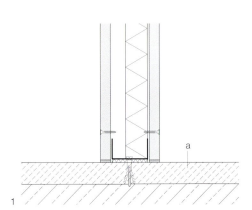

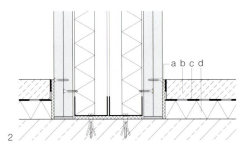

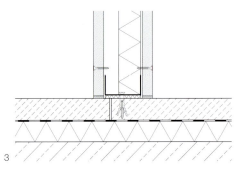

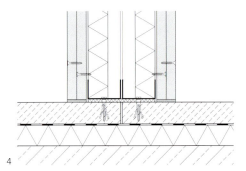

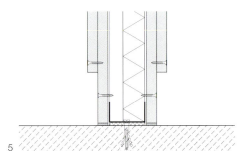

leisten, stellt in den Wandschalen eine Schwachstelle dar, welche den Schall- und Brandschutz der Wand mindert. So können je nach Schallschutzqualität der Wand Minderungen bis 7 dB auftreten (Abb. 5).

Anschluss von Ständerwänden an Massivdecken
Es ist grundsätzlich zwischen der Ständerwand und der Rohdecke eine Trennung vorzunehmen. Bei bereits verputzten Decken und Sichtbetonflächen erfolgt dies bevorzugt mit einem Trennstreifen (Abb. 7). Erfolgt der Trennwandanschluss an eine noch zu verputzende Rohdecke, so wird am Wandanschluss ein selbstklebender Trennstreifen auf den Platten angebracht, welcher einerseits die Platten vor Durchfeuchtung schützt und andererseits einen geradlinig verlaufenden Abriss des Nassputzes ermöglicht (Abb. 8). Der sichtbare Teil des Trennstreifens wird nach dem Erhärten des Nassputzes zurück geschnitten und entfernt. Alternativ kann auch ein Kellenschnitt durchgeführt werden.

Um eine Feuchtebeanspruchung auf die Plattenwerkstoffe und damit ungewollte Quell- und Schwindprozesse zu vermeiden, sind Putzarbeiten vor der Trennwandmontage vorzunehmen. Bei konsequenter Trockenbauweise sollte auf systemfremde Putz- und andere Nassprozesse gänzlich verzichtet werden, z. B. durch den Einsatz von Trockenestrichsystemen und Trockenputzen.

Bei Deckenanschlüssen von Montagewänden an Massivdecken ist deren Schallschutzqualität abhängig vom Flächengewicht der Rohdecke. Bei Anordnung einer Deckenbekleidung oder Unterdecke unterhalb der Rohdecke bestimmen deren Ausführung und der Anschluss der Trennwand an die Deckenbekleidung die Schallübertragung.

Weitere Anschlussvarianten sind in den Abbildungen (Abb. 9 und 10) dargestellt. Wird die Ständerwand nicht bis an die Rohdecke geführt, so müssen abhängig von der Belastung und Länge der Trennwand zug- und druckfeste Aussteifungen an der Rohdecke erfolgen (Abb. 12).

Sind Deckendurchbiegungen zu erwarten, die aber kleiner als 10 mm sind, so kann auf einen gleitenden Deckenanschluss verzichtet werden. In diesem Fall sind die Ständerprofile um ca. 20 mm verkürzt in das Deckenanschlussprofil einzustellen. Die Beplankung ist gleichfalls verkürzt auszubilden. Die verbleibende Bewegungsfuge zur Rohdecke kann entweder als Schattenfuge ausgebildet oder mit einem elastoplastischen Material geschlossen werden.

Gleitende Deckenanschlüsse
Ist mit einer Deckendurchbiegung infolge Lasteinwirkung oder Kriechen von mehr als 10 mm zu rechnen, ist der Deckenanschluss »gleitend« auszubilden. In diesen Fällen muss zwischen der Beplankung und der Unterkante der Decke eine Bewegungsfuge vorgesehen werden, deren Maß der zu erwartenden Deckendurchbiegung entspricht.
Bei Brandschutzanforderungen der Wand darf diese Bewegungsfuge 20 mm nicht überschreiten. Die Breite der Plattenstreifen muss der Stegbreite des oberen

1 Trennwand auf Verbundestrich (a)
2 schwimmender Estrich von Doppelständerwand unterbrochen
  a Randdämmstreifen
  b schwimmender Estrich
  c Abdeckfolie
  d Trittschalldämmung
3 Trennwand auf schwimmendem Estrich mit Trennfuge
4 Doppelständertrennwand auf Estrich mit Trennfuge
5 zurückgesetzter Sockelanschluss
6 Unterkonstruktion einer gekrümmten Wand, akustische Trennung des schwimmenden Estrichs

Wandsysteme
Anschlüsse und Details

Anschlussprofils der Ständerwand entsprechen. Im Brandschutz sind, in Abhängigkeit von der Feuerwiderstandsklasse, Mindestbreiten b entsprechend Tabelle T13 vorgeschrieben.

Die erforderliche Gesamtdicke der Plattenstreifen addiert sich aus dem Maß der zu erwartenden Deckendurchbiegung, der zulässigen Bewegungsfuge und der seitlichen Überdeckung der Beplankung von mindestens 20 mm.

Die Ständerprofile sind um das Maß der Bewegungsfuge zu kürzen. Sie sollen dabei noch mindestens 15 bis 20 mm in das Deckenanschlussprofil eingreifen. Um ein einwandfreies Gleiten des Anschlussprofils zu ermöglichen, darf die Verschraubung der Beplankung nur in den Ständerprofilen erfolgen, 20 mm unterhalb der Anschlussprofilflansche beginnend. An den freien Kanten der Beplankung kann ein Kantenschutzprofil befestigt und ebenflächig eingespachtelt werden (Abb. 13).

Die sich ergebenden Schallschutzabminderungen durch die dargestellten gleitenden Deckenanschlüsse betragen bis 3 dB. Je höher die Schalldämmung der Trennwand ist, umso größer wird die Abminderung. Bei sorgfältiger Ausführung gleitender Deckenanschlüsse können Schallschutzminderungen gering gehalten werden. Die konstruktive Ausbildung der gleitenden Deckenanschlüsse von Einfachständerwänden ist auf Doppelständerwände übertragbar.

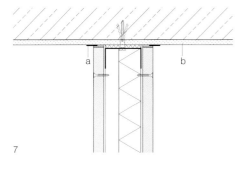

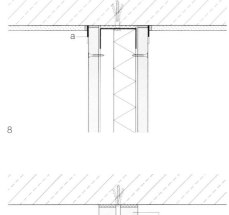

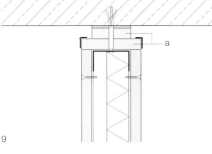

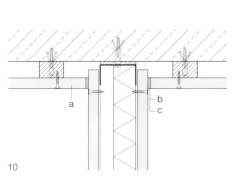

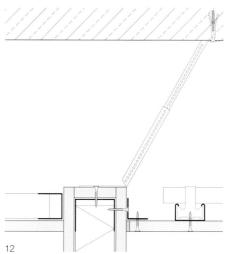

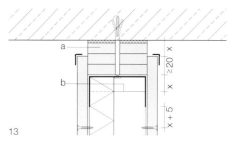

T13: Mindestbreiten b der Gipsplattenstreifen in Abhängigkeit von der Feuerwiderstandsklasse

F-Klasse	Breite b [mm]
F 30 bis F 90	≥ 50 mm
F 120	≥ 75 mm
F 180	≥ 150 mm

7 Anschluss Trennwand an Massivdecke, Nassputz durchlaufend
   a ggf. Trennstreifen
   b Nassputz
8 Anschluss Trennwand an Massivdecke, Nassputz getrennt
   a Trennstreifen
9 Deckenanschluss einer direkt befestigten Vorsatzschale an eine Decke ohne Anschlussprofil (U-Profil)
   a Plattenstreifen
10 Anschluss Trennwand an Massivdecke, Deckenbekleidung getrennt
   a Deckenbekleidung
   b Verspachtelung (keine Deckendurchbiegung)
   c Verspachtelung gegen Trennstreifen oder elastoplastische Verfugung (geringe Deckendurchbiegung ist möglich)
11 Anschluss einer Metallständerwand an die Rohdecke und Unterkonstruktion einer Abhangdecke
12 Trennwandaussteifung gegen die Rohdecken mit einem Noniusabhänger
13 gleitender Deckenanschluss x ≤ 20 mm bei Wänden mit Brandschutzanforderungen
   a Plattenstreifen
   b Oberkante Ständer

Deckensysteme

Bauteile und Aufbau

Unter leichten Deckenbekleidungen und Unterdecken versteht man Montagedecken, die den oberen Abschluss eines Raums bilden. Als nicht tragende Konstruktionen werden sie an tragenden Rohdecken oder Dachkonstruktionen befestigt oder als freitragende Systeme zwischen Wänden eingesetzt. Man unterscheidet zwei Montagedecken:
- Deckenbekleidung: Die Holz- oder Metallunterkonstruktion ist direkt an der Rohdecke befestigt (Abb. 1).
- Unterdecke: Die Holz- oder Metallunterkonstruktion ist an der Rohdecke abgehängt (Abb. 2).

Unterdecken und Deckenbekleidungen bestehen nach DIN 18168 (DIN EN 13964) aus folgenden Bauteilen (Abb. 3):
- Verankerungselemente
- Abhänger
- Unterkonstruktion
- Decklagen
- Verbindungselemente

Verankerungselemente
Sie verbinden die Abhänger mit dem tragenden Bauteil. Die Anzahl der Verankerungsstellen ist so zu bemessen, dass die zulässige Tragkraft der Verankerungselemente sowie die zulässige Verformung der Unterkonstruktion nicht überschritten werden, es ist mindestens eine Verankerung je 1,5 m² Deckenfläche anzuordnen.

Abhängersysteme
Abhängersysteme verbinden die Verankerungselemente mit der Unterkonstruktion. Sie besitzen in der Regel eine Vorrichtung zum Höhenausgleich und sind für die meisten Deckensysteme in Funktion und Konstruktion ähnlich (Abb. 5). Unterschiedlich ausgebildet sind im Allgemeinen lediglich die Teile, die das jeweilige Profil aufnehmen.

Die zulässige Tragfähigkeit (zul. F) von Abhängern und Verbindungselement muss von einer anerkannten Prüfstelle bestimmt werden und darf beim Einsatz nicht überschritten werden. In Deutschland wird (nach DIN 18168-2) eine Klassifizierung in drei Tragfähigkeitsklassen vorgenommen:
- Klasse 1: zul. $F = 0{,}15$ kN
- Klasse 2: zul. $F = 0{,}25$ kN
- Klasse 3: zul. $F = 0{,}40$ kN

Unterkonstruktion
Darunter versteht man die Teile, welche die Deckenlage aufnehmen. Sie bestehen gemeinhin aus Grundprofilen bzw. -latten, Tragprofilen bzw. -latten sowie Verbindungselementen. Die Unterkonstruktion kann dabei verdeckt sein.

Für fugenfreie geschlossene Decklagen werden CD-Profile als Unterkonstruktion verwendet. Für gewölbte Deckenformen kommen gebogene Grundprofile zum Einsatz. Eine Vielzahl weiterer Profile wie z. B. T- und Z-Profile, Klemmschienen, Bandrasterprofile usw. dienen für spezielle technische oder gestalterische Aufgaben. Entsprechend zahlreich ist auch das Zubehör zu den einzelnen Profilsystemen (Verbindungsstücke, Stabilisierungsprofile, Randwinkel, Wandabschlussprofile, Lüftungsprofile usw.).
Wenn die Rohdecke nicht für die Verankerung der Deckenunterkonstruktion zugänglich oder geeignet ist, montiert man Weitspannprofile. Diese werden üblicherweise an tragenden Wänden verankert, die Spannweiten erreichen bis zehn Meter.

Decklage
Auch für die Decklage existiert eine große Anzahl verschiedener Baustoffe. Sie unterscheiden sich in Material, Form und Oberflächengestaltung.

Man differenziert:
- Platten für fugenfreie Deckenflächen

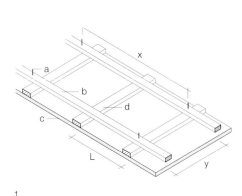

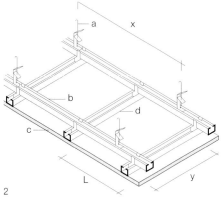

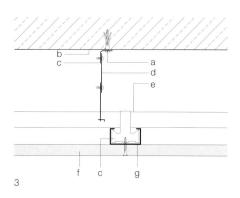

Deckensysteme
Anforderungen an die Ausführung

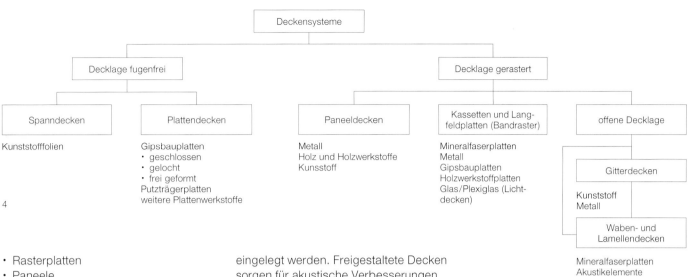

- Rasterplatten
- Paneele
- Gitter-, Waben- und Lamellenkonstruktionen

Als Material kommen Mineralfaser- und Gipsbauplatten, Holzwerkstoffe, Metallelemente usw. infrage. Die Decklage wird entweder mit der Unterkonstruktion verschraubt, verklemmt oder darin eingelegt (Abb. 4).

Je nach bauphysikalischer Anforderung an die Decke und dem angestrebten architektonischen Ziel eröffnen sich eine Vielzahl von Gestaltungs- und Ausführungsvarianten für Unterdecken. Es lassen sich fugenlose geschlossene Decken durch die Beplankung mit dünnen Platten (z. B. Gipsbauplatten) und deren Verspachtelung erzielen. Verschiedene Decklagen eignen sich für die Aufnahme von Putz (z. B. Akustikputz). Gelochte oder geschlitzte Platten, Paneele und Kassetten bieten die Möglichkeiten architektonischer Gestaltung oder zusätzlicher Schallabsorption.

In den Deckenhohlräumen können Installationen, Beleuchtung und Lüftungen integriert werden. Gemäß den Brand- und Schallschutzanforderungen kann der Faserdämmstoff in den Deckenhohlraum eingelegt werden. Freigestaltete Decken sorgen für akustische Verbesserungen (z. B. Konzertsäle) und/oder eine repräsentative Raumgestaltung.

Anforderungen an die Ausführung

Unterdecken und Deckenbekleidungen müssen so ausgebildet sein, dass das Versagen oder der Ausfall eines Systemteils nicht zu einem fortlaufenden Einsturz führt. Bei Einlegemontage sind Unterkonstruktionen, die der freien Auflagerung der Decklage dienen, gegen ein seitliches Ausweichen zu sichern. Die Unterkonstruktion muss so beschaffen sein, dass eine sichere Befestigung oder Auflage der Decklage möglich ist. Die Durchbiegung der Unterkonstruktion darf höchstens $1/500$ der Stützweite (z. B. des Abhängerabstands) betragen, jedoch nicht mehr als 4 mm.

Einbauteile, z. B. Lampen und Lüftungsauslässe, dürfen die Unterkonstruktion nur im Rahmen ihrer Tragfähigkeit belasten. Darüber hinaus muss man sie gesondert abhängen.

Werden leichte Trennwände an Deckenbekleidungen und Unterdecken befestigt, so müssen die aus den Trennwänden resultierenden Kräfte durch geeignete Kon-

1 Deckenbekleidung mit Unterkonstruktion aus Holzlatten (Maße x, y und L nach Herstellerangaben)
 a Befestigung an der Rohdecke
 b Grundlatte
 c Beplankung
 d Traglatte
 x Abstand der Befestigungspunkte
 y Abstand der Grundlatten
 L Abstand der Traglatten
2 abgehängte Unterdecke mit CD-Grund- und -Tragprofilen und Schnellabhängern (Maße x, y und L nach Herstellerangaben)
 a Befestigung an der Rohdecke
 b Grundprofil
 c Beplankung
 d Tragprofil
 x Abstand der Abhänger
 y Abstand der Grundprofile
 L Abstand der Tragprofile
3 Begriffe für Unterdecken nach DIN 18168 (DIN EN 13964)
 a Verankerungselement
 b tragendes Bauteil
 c Verbindungselemente
 d Abhänger
 e Unterkonstruktion (Grundprofil)
 f Decklage
 g Unterkonstruktion (Tragprofil)
4 Übersicht Deckensysteme
5 übliche Abhängersysteme
 a Schnellabhänger
 b Noniusabhänger
 c Direktabhänger

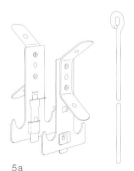

5a

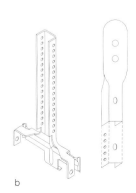

b

c

Deckensysteme
Einsatzbereiche

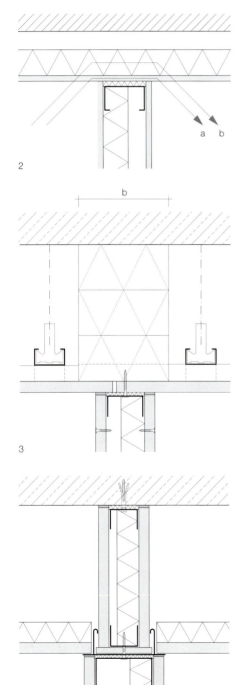

1 Detail Deckenanschluss einer geschwungenen Deckenkonstruktion an ein Glasoberlicht, Bundeskanzleramt, Berlin 2001, Axel Schultes Architekten
2 Wege der Schalllängsleitung bei Unterdecken
   a über die Beplankung
   b über den Deckenhohlraum
3 Absorberschott
4 Plattenschott über einem Bandrasterprofil
5 Unterdecke mit Grund- und Tragprofil, Kreuzverbinder, Schnellabhänger, Stirnkantenstoß der Gipsbauplatten

struktionen aufgenommen und zu den tragenden Bauteilen abgeleitet werden.

Bei besonderen Anforderungen hinsichtlich einer Stoßbeanspruchung, z.B. Ballwurfsicherheit in Turnhallen, ist eine Eignung der Deckenkonstruktion für diese Beanspruchung nachzuweisen. Mögliche Verformungen und Durchbiegungen der tragenden Bauteile dürfen die Standsicherheit der Deckenbekleidungen und Unterdecken nicht beeinträchtigen.

Einsatzbereiche
Unterdeckensysteme tragen zur wirtschaftlichen Lösung vielfältiger gestalterischer, bauphysikalischer und technischer Anforderungen bei. Sie erfüllen vor allem folgende Aufgaben:

Brandschutz
Der Brandschutz eines Decken- oder Dachsystems bei Beflammung von unten kann durch eine Deckenbekleidung oder Unterdecke erhöht werden. Der Feuerwiderstand zwischen übereinanderliegenden Geschossen wird in diesem Fall von der Unterdecke in Verbindung mit der Rohdecke gewährleistet. Neben dem Aufbau des Unterdeckensystems ist die Bauart der Rohdecke von wesentlichem Einfluss auf den Feuerwiderstand. Man unterscheidet bei Massivrohdecken zwischen den Deckenbauarten I bis III und Deckenbauarten aus Holz.

Unterdecken, die bei einer Brandbeanspruchung von unten ohne die Rohdecke einer Feuerwiderstandsklasse angehören, werden als brandschutztechnisch selbstständige Unterdecken bezeichnet. Neben dem Brandschutz zwischen zwei Geschossen werden dadurch auch Installationen im Deckenhohlraum vor einem Brand im darunter liegenden Raum geschützt.

Durch brandschutztechnisch selbstständige Unterdecken »von oben« wird der darunterliegende Raum vor einem Brand im Deckenhohlraum geschützt.

Schalltechnische Aufgaben
Verbesserung des Luft- und Trittschallschutzes der Rohdecke
Als Ergänzung zu Schallschutzmaßnahmen auf der Rohdecke (z.B. schwimmender Estrich) verbessert sich der Luft- und Trittschallschutz einer Decke durch den Einsatz von Unterdecken zum Teil erheblich. Bei Deckensystemen in Leichtbauweise (Holzbalkendecken, Profilleichtbaudecken) werden deshalb Unterdecken fast standardmäßig eingesetzt. Besonders wirksam sind geschlossene, dichte Deckenflächen mit federnder Abhängung (Akustikabhänger, Federschienen etc.), doppelter Bekleidung aus dünnen Gipsbauplatten und Dämmstoffauflage.

Verringerung der Schalllängsleitung über die Rohdecke
Ist die Schalllängsübertragung über die Rohdecke zwischen zwei Räumen oder Wohnungen zu hoch, z.B. bei leichten massiven Deckensystemen oder durchlaufenden Deckenbalken bzw. -profilen, so trägt eine Unterdecke oder Deckenbekleidung, die durch die Raum- bzw. Wohnungstrennwand unterbrochen ist, zur Reduzierung der Schalllängsleitung bei. Auch beim Büroausbau ist die Art und Anschlussausbildung der Unterdecke an die Trennwände wesentlich für die Schallübertragung zwischen benachbarten Räumen (Abb. 2).

Vorteilhaft sind generell geschlossene Unterdeckenflächen mit Dämmstoffauflage, die im Anschluss an die Trennwand unterbrochen werden. Weitere Maßnahmen sind der Einbau von Absorber- oder Plattenschotts, die über den Trennwänden im Deckenhohlraum angeordnet wer-

Deckensysteme aus Gipsbauplatten

T1: maximale Spannweiten von Gipskartonplatten nach DIN 18180

Dicke [mm]	Achsabstand L der Tragprofile/-latten [mm]	
	Querverlegung	Längsverlegung
12,5	500	
15	550	420
18	625	

T2: maximale Spannweiten von GF-Platten

Dicke [mm]	Achsabstand L der Tragprofile/-latten [mm]
10	350
12,5	435
15	525
18	630

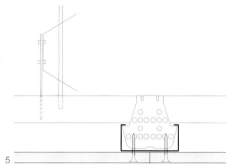

5

den (Abb. 3 und 4). Im bauakustischen Idealfall werden die Trennwände bis an die Rohdecke geführt.

Raumakustik
Um eine gewünschte akustische Raumwirkung zu erzielen, wie z. B. einen angenehm gedämpften Lärmpegel, müssen beim Ausbau eines Raums meist gezielt akustische Maßnahmen vorgesehen werden. Solche raumakustische Aufgaben werden in Räumen, die nicht speziell für Darbietungen vorgesehen sind, fast ausschließlich von der Unterdecke oder Deckenbekleidung wahrgenommen. Typische Aufgaben sind hierbei beispielsweise die Reduzierung des Lärmpegels, die Regulierung der Nachhallzeit, gezielte Schallabsorption und Schallreflexion.

Die entscheidende Eigenschaft für die akustische Wirkung eines Deckensystems ist seine Fähigkeit zur Schallabsorption. Das Maximum der Absorption liegt je nach System bei verschiedenen Frequenzen und ist unterschiedlich hoch. Durch die Wahl eines Deckensystems mit geeignetem Verlauf des Schallabsorptionsgrads lässt sich die Akustik eines Raums gezielt beeinflussen. Einflussgrößen auf die schallabsorbierenden Eigenschaften eines Deckensystems sind dabei:

- Material (und Dicke) der Decklage
- Oberfläche der Decklage
- schallabsorbierende Auflagen oder Beschichtungen und Putze
- Abhängehöhe
- räumliche Anordnung der Decklage

Wärmeschutz
Zur Innendämmung von Dächern oder zur thermischen Isolierung übereinanderliegender Räume werden Deckenbekleidungen und Unterdecken als Tragschicht für Wärmedämmstoffe eingesetzt.

Integration von Installationen im Deckenhohlraum
Der Deckenhohlraum zwischen Unterdecke oder Deckenbekleidung und der Rohdecke kann zum Führen von Installationsleitungen (Lüftungs- und Klimaanlagen, Sprinkler-, Elektro-, Daten-, Sanitärleitungen etc.) genutzt werden. Die jeweiligen Auslässe sowie Einbauten (Lampen, Lautsprecher, Sprinklerköpfe usw.) können in die Deckenfläche integriert werden. Deckensysteme nehmen als Kühl- oder Heizdecke Aufgaben der Raumtemperierung wahr.

Gestaltung
Je nach bauphysikalischer Anforderung an die Decke und dem angestrebten architektonischen Ziel eröffnet sich eine Vielzahl von Ausführungsmöglichkeiten für eine repräsentative Raumgestaltung. Der Gestaltungsspielraum reicht von einfachen, ebenen Decken bis zu komplexen freigestalteten Systemen (gefaltet, gebogen, Friese etc.). Die Beleuchtung integriert sich als gestalterisches Element.

Deckensysteme aus Gipsbauplatten

Deckensysteme aus Gipsbauplatten sind wegen ihrer vielfältigen gestalterischen und bauphysikalischen Eigenschaften weit verbreitet. Im Allgemeinen sind die Systeme eben und fugenfrei. Durch die Formbarkeit der Gipsbauplatten lassen sich auch gewölbte und gebogene Deckenformen realisieren. Es existiert eine Vielzahl von brand- und schallschutztechnisch klassifizierten Deckenkonstruktionen aus Gipsbauplatten. Die Nachweise erfolgen jeweils über DIN 4102 bzw. DIN 4109 oder über Prüfzeugnisse der Systemgeber (Abb. 5).

Zulässige Spannweiten
Die zulässigen Spannweiten der Decklage sowie die Abstände der Unterkonstruktion von Gipskartonunterdecken sind in DIN 18181 festgelegt. Die Abstände der Traglatten bzw. -profile sind abhängig von der Plattendicke und der Befestigung der Platten quer oder längs zur Faserrichtung des Kartons (s. Tabelle T1 und T2). Für Gipskartonlochplatten ist der Abstand der Tragprofile deutlich geringer, wobei die Herstellerangaben zu beachten sind.

Die Stützweiten der Grundprofile (Grundlatten) und Tragprofile (Traglatten) ist abhängig von der Gesamtlast (inklusive Einbauten) des Deckensystems (s. Tabelle T3, S. 44). Für Gipsfaserdeckensysteme können unter Berücksichtigung der jeweiligen Gesamtlast gleichfalls die Stützweiten dieser Tabelle angesetzt werden. Die meisten Deckensysteme aus Gipsbauplatten ohne Einbauten oder zusätzliche Lasten gehören der mittleren Lastklasse von 0,15 bis 0,30 kN/m² an. Einlagig beplankte Systeme bis zu einer Plattendicke von 12,5 mm liegen in der unteren Lastklasse bis 0,15 kN/m².

Befestigung von Lasten an der Decklage
Leichte Gegenstände (z. B. Gardinenleisten oder Lampen) lassen sich mit verschiedenen Hinterschnittdübeln (Hohlraumdübel aus Kunststoff oder Metall, Kipp- oder Federklappdübel) direkt an der Beplankung anbringen. Unmittelbar an der Gipsbauplattenbeplankung befestigte Einzellasten dürfen 6 kg pro Plattenspannweite und Meter nicht überschreiten. Darüber hinausgehende Lasten werden direkt in der Unterkonstruktion befestigt und gehen als Zusatzlasten in die Berechnung der Gesamtlast des Deckensystems mit ein.

Schwere Gegenstände, die über die zulässige Belastung von Dübeln oder der Unterkonstruktion hinausgehen, müssen direkt an der Rohdecke oder an einer Hilfskonstruktion angeschlossen werden, die eine Lasteinleitung in die Rohdecke

Deckensysteme aus Gipsbauplatten

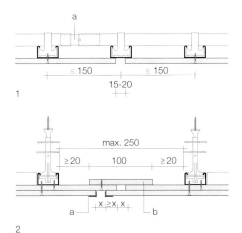

1 Bewegungsfuge mit Profilabdeckung, Trennung der Unterkonstruktion senkrecht zur Fuge
   a C-Deckenprofilverbinder
2 Bewegungsfuge mit Brandschutzanforderung, x = Fugenbreite ≤ 25 mm
   a ggf. Kantenschutz
   b 100 mm Plattenstreifen
3 Unterdecke aus Gipsplatten, Schattenfuge dient gleichzeitig zur indirekten Beleuchtung über die Decke
4 starr angespachtelter Deckenanschluss mit Profilhinterlegung, Verspachtelung gegen Trennstreifen
   a Anschlussdichtung (alternativ)
   b Anschlussprofil (alternativ)
   c Fugenspachtel
   d Trennstreifen
   e Gipsplatte
5 starr angespachtelter Deckenanschluss ohne Profilhinterlegung, Verspachtelung gegen Trennstreifen
   a Fugenspachtel
   b Trennstreifen
   c Gipsplatte
   d Metallunterkonstruktion
6 starr angespachtelter Deckenanschluss an Gipskarton-Metallständerwand, Papierbewehrungsstreifen über Eck
   a Anschlussdichtung (alternativ)
   b Anschlussprofil
   c Fugenspachtel
   d Papierfugenbewehrungsstreifen eingespachtelt
   e Gipsplatte
   f Metallunterkonstruktion

übernimmt. Bei Brandschutzanforderungen ist keine Befestigung von Lasten an der Beplankung bzw. Unterkonstruktion, sondern generell nur an der Rohdecke möglich.

Konstruktionen und Details
Bewegungsfugen
Bewegungsfugen im Rohbau sind an gleicher Stelle auch in der Deckenbekleidung bzw. Unterdecke einzuplanen, darüber hinaus müssen diese im Abstand von etwa 15 m bei Gipskartonplatten und etwa 8 m bei Gipsfaserplatten angeordnet werden (Abb. 1).

Zudem sind Bewegungsfugen immer dann sinnvoll, wenn lang gestreckte Decken mit relativ großen Einbauleuchten (z. B. Flurdecken) montiert werden bzw. eine freie Verformung der Deckenfläche behindert wird. Letzteres kann bei Übergängen von großen Deckenflächen zu kleinen Flächen, einspringenden Wandscheiben, Unterdecken mit einbindenden Stützen sowie Flurdecken mit Nischen und Einsprüngen vorliegen.

Bei Unterdecken mit Brandschutzanforderungen muss der im Bereich der Bewegungsfuge hinterlegte Plattenstreifen genauso dick wie die Beplankung der Decke sein. Der Plattenstreifen wird dabei einseitig mit der Beplankung verbunden (Abb. 2).

Wandanschluss
Bei der Anschlussausbildung von Unterdecken und Deckenbekleidungen an benachbarte Wände und einbindende Bauteile ist zwischen verschiedenen Anschlüssen zu unterscheiden:
- starre, angespachtelte Anschlüsse
- elastoplastisch verfugte Anschlüsse
- gleitende Anschlüsse
- offene Anschlussfugen (Schattenfuge)

Des Weiteren hat die Bauweise der Wand (massiv oder Trockenbau) und das Material der Decklage (Gipskarton oder Gipsfaser) wesentlichen Einfluss auf die Art der Anschlussausbildung, um rissfreie Konstruktionen zu gewährleisten.

Bei einem starren, angespachtelten Anschluss empfiehlt es sich, auf das Wandbauteil im Bereich des Deckenanschlusses einen Trennstreifen (selbstklebendes Malerband) aufzukleben und dagegen zu spachteln. Nach dem Aushärten des Spachtels wird der Trennstreifen plattenbündig abgeschnitten. Es ergibt sich ein »kontrollierter« gerader Haarriss im Nutzungszustand, der gestalterisch kaum wahrzunehmen ist. Diese Art der Anschlussausbildung gilt grundsätzlich für Anschlüsse an Massivwände und für Unterdecken aus Gipsfaserplatten (Abb. 4 und 5).

Beim Anschluss von Gipskartonplatten an Montagewände gleichen Materials kann alternativ ein Bewehrungsstreifen über Eck eingespachtelt, ein Bewehrungsstreifen stumpf an das Anschlussbauteil gestoßen oder bei geeignetem Fugenspachtel ohne Bewehrungsstreifen verspachtelt werden (Abb. 6).

Bei elastoplastischer Anschlussausbildung zwischen Decke und Wand (z. B. Acrylfuge) ist die Anschlussfuge in einer Breite von 5–7 mm auszubilden, die Plattenkanten sind vor dem Versiegeln zu grundieren. Die frei auskragende Plattenlänge sollte 100 mm nicht überschreiten. Das Gleiche gilt für berührungsfreie Deckenwandanschlüsse. An freien Plattenkanten kann zusätzlich ein Kantenschutz angebracht werden.
In der Regel werden Wandanschlüsse über geeignete Profile (U-Profile, Winkel, Schattenfugenprofil) ausgeführt. Die Profile dienen als Höhenmarkierung, zur Befestigung der Deckenbeplankung an der Wand sowie zur Ergänzung der Unterkonstruktion. Eine gebräuchliche Anschlussvariante ist das lose Einschieben des

T3: zulässige Stützweiten für Unterkonstruktionen nach DIN 18181

Unterkonstruktionen		zulässige Stützweiten [1,2] in mm bei Grundprofil/-lattung, bei Tragprofil/-lattung und bei einer Gesamtlast von		
		bis 0,15 kN/m²	über 0,15 kN/m² bis 0,30 kN/m²	über 0,30 kN/m² bis 0,50 kN/m²
Profile aus Stahlblech nach DIN 18182-1				
Grundprofil	CD 60 × 27 × 06	900	750	600
Tragprofil	CD 60 × 27 × 06	1000	1000	750
Holzlatten nach DIN 4074-1 (Breite × Höhe in mm)				
Grundlatte, direkt befestigt	48 × 24	750	650	600
	50 × 30	850	750	
	60 × 40	1000	850	700
Grundlatte, abgehängt	30 × 50 [3]	1000	850	700
	40 × 60	1200	1000	850
Traglatte	48 × 24	700	600	500
	50 × 30	850	750	600

[1] Unter Stützweite ist bei Grundprofilen oder -latten der Abstand der Abhängungen (x) und bei Tragprofilen oder -latten der Achsabstand der Grundprofile bzw. der Grundlatten (y) zu verstehen.
[2] Bei Anforderungen an den Brandschutz sind ggf. kleinere Stützweiten nach DIN 4102-4 einzuhalten.
[3] nur in Verbindung mit Traglatten von 50 mm Breite und 30 mm Höhe

Deckensysteme aus Gipsbauplatten

7 Anschluss mit Schattenfuge
  a Anschlussdichtung (alternativ)
  b Anschlussprofil
  c Kantenprofil o. Ä. (alternativ)
  d Gipsplatte
  e Metallunterkonstruktion
8 gleitender Anschluss mit Schattenfuge
  a Anschlussdichtung (alternativ)
  b Anschlussprofil
  c Kantenprofil o. Ä. (alternativ)
  d Gipsplatte
  e Metallunterkonstruktion
9 Anschluss mit Schattenfuge und Brandschutzanforderungen
  a Anschlussdichtung (alternativ)
  b Anschlussprofil
  c Gipsplattenstreifen
  d Kantenprofil o. Ä. (alternativ)
  e Gipsplatte
  f Metallunterkonstruktion

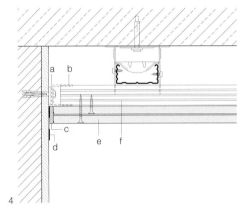

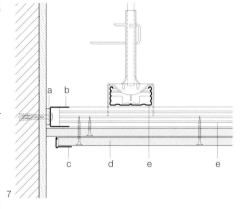

Tragprofils in ein an der Wand befestigtes UD-Profil (Abb. 5 und 7).

Bei Gipsfaserplatten darf eine Befestigung der Deckenbekleidung im Profil grundsätzlich nicht erfolgen. Auch bei Gipskartonplatten sollte man auf eine Befestigung verzichten, wenn mit Deckenbewegungen zu rechnen ist oder Dehnungsfugen in der Decke ausgeführt werden.

Anschlüsse mit Schattenfuge haben den Vorteil, dass Risse im Anschlussbereich der Gipskartonplatten gestalterisch durch die Schattenfuge verdeckt werden (Abb. 7 und 8).

Ist die Montagewand gleitend an die Rohdecke angeschlossen, muss auch der Anschluss der Montagedecke an diese Wand gleitend sein. Sollte die Ausbildung eines gleitenden Deckenanschlusses nicht möglich sein, da eine Eckverspachtelung (Decke/Wand) gefordert ist – wie z. B. beim Krankenhausbau in Räumen mit besonders hohen Anforderungen an die Keimfreiheit – so müssen die Abhänger der Unterdecke im Abstand von etwa 1000 mm (zulässigen Hängerabstand beachten) von der Wand angeordnet werden, um eine geringfügige Verformung der Unterdecke im Anschlussbereich zu ermöglichen. Die Decklage der Unterdecke muss mit der Wand über Profile verbunden werden.

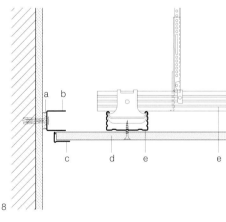

Bei Brandschutzanforderungen gilt generell, dass die Decklage im Anschlussbereich zu den benachbarten Bauteilen durch Profile, Steinwolle bzw. Plattenstreifen hinterlegt werden muss. Die Aussparungen von Schattenfugen sind dahinter in gleicher Plattendicke aufzufüttern (Abb. 9). Werden selbstständige Brandschutzunterdecken an Montagewände angeschlossen, so ist dieser Anschluss brandschutztechnisch nachzuweisen.

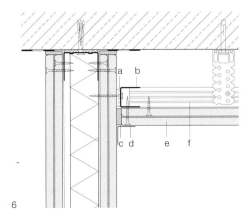

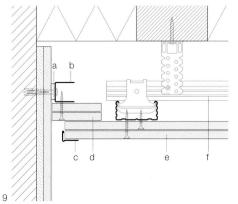

Deckensysteme
aus Gipsbauplatten

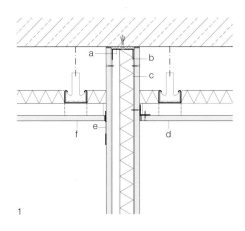

1

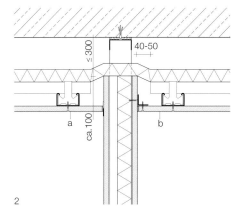

2

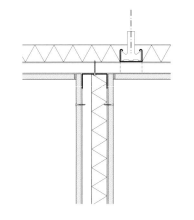

3

Soll innerhalb des Deckenhohlraums eine horizontale brandschutztechnische Abschottung ausgeführt werden, so sind geeignete Plattenschotts in den Deckenhohlraum zu integrieren (S. 42, Abb. 4).

Bei Wandanschlüssen an abgehängte Montagedecken mit Schallschutzanforderungen muss die Detailausbildung hinsichtlich der Schalllängsdämmung der Unterdecke den Schallschutzanforderungen der Wand angepasst werden. Hier hat sich eine durchgehende Abschottung im Deckenhohlraum bewährt. Am einfachsten wird das erreicht, indem die Montagewand bis zur Rohdecke geführt wird (Abb. 1). Schalltechnisch gleichwertig ist auch die Ausführung eines getrennten Plattenschotts, die auch den Brandschutz der Wand in vollem Umfang gewährleistet.

Wird der Deckenhohlraum für Installationsführungen benötigt, kann die Beplankung konstruktiv etwa 100 mm oberhalb der Unterdecke enden. Die Wandunterkonstruktion wird bis zur Rohdecke geführt. Bei dieser Ausführung ergibt sich für die Wand ein geringerer Schallschutz als bei vollständiger Abschottung des Deckenhohlraums. Für einen optimalen Schallschutz ist die Unterdecke vollflächig mit Faserdämmstoff zu versehen, welche über die Wandbeplankung geführt wird (Abb. 2).

Wird die Wand an der Unterkonstruktion der Montagedecke angeschlossen, können nicht ganz so hohe Schallschutzanforderungen erfüllt werden wie im Detail zuvor. Die Beplankung der Unterdecke erfolgt dann nach der kompletten Wandmontage (Abb. 3).
Bei noch geringeren Schallschutzanforderungen sind auch Anschlüsse an Unterdecken mit Trennfuge (Unterbrechung der Schalllängsleitung) und an durchlaufenden Unterdecken möglich (Abb. 5).

Je nach Größe der Deckenfläche können im Bereich von Wandanschlüssen an Unterdecken zusätzliche konstruktive Aussteifungen im Deckenhohlraum erforderlich werden, um Belastungen der Wand (z. B. aus eingebauten Türen) in die tragende Rohdecke ableiten zu können (Abb. 6).

Höhenversatz
Sind in einem Raum Brandschutzunterdecken mit unterschiedlichen Abhängehöhen vorgesehen, so ist ein Höhenversatz auszuführen (Abb. 7). Im Bereich des Höhenversatzes (max. Höhe 1250 mm) sind zusätzliche Abhänger anzubringen, die die Last der vertikalen Konstruktion aufnehmen. Der Abhängerabstand muss je nach Beplankungsdicke so gewählt werden, dass pro Abhänger (Nonius) die Belastung nicht mehr als 0,25 kN beträgt. Die senkrechte Konstruktion sollte dabei wie eine einseitig beplankte Montagewand mit UW- und CW-Ständerprofilen ausgeführt werden, wobei Ständerabstand und Beplankung sowie eventuelle Hohlraumdämpfung analog zur Deckenkonstruktion zu bemessen sind.

Einbauten und Revisionsöffnungen
Die Anordnung von Einbauten (z. B. Leuchten, klimatechnische Geräte oder andere Bauteile) in Unterdecken und Deckenbekleidungen mit Brandschutzanforderungen ist nach DIN 4102-4 nicht zulässig. Sollen dennoch Einbauten in eine Unterdecke integriert werden, so ist die Ausführung über Prüfzeugnisse nachzuweisen, in denen auch die konstruktiven Einzelheiten aufgeführt sind.
Es ist bei der Planung zu berücksichtigen, dass bei Einbauten (z. B. Einbauleuchten, Revisionsklappen) in Unterdecken die Unterkonstruktion in der Regel ausgewechselt und zusätzliche Abhänger angeordnet werden müssen. Bei frühzeitiger Festlegung der Lage von Einbauten ist der handwerkliche Aufwand für die Anpas-

Deckensysteme aus Gipsbauplatten

sung der Unterkonstruktion gering. Eine nachträgliche Integration von Einbauten ist dagegen aufwendig und mit größeren Eingriffen in die Unterdecke verbunden.

Einbauleuchten etc. werden in der Regel mit einem Brandschutzkoffer ummantelt, der dem Material und der Dicke der Decklage entspricht (S. 48, Abb. 3).

1 Montagewand bis zur Rohdecke geführt zur Erfüllung von Brand- und Schallschutzanforderungen
  a Dämmstreifen
  b UD-Profil
  c CW-Profil
  d GK-Bekleidung, Beispiel für starren Anschluss an Wand
  f GK- oder GF-Bekleidung, Beispiel für getrennten Anschluss an Wand
  e Trennstreifen
2 Trennung der Decklage und Unterkonstruktion der Unterdecke
  a GK- oder GF-Bekleidung, Beispiel für getrennten Anschluss an Wand
  b GK-Bekleidung, Beispiel für starren Anschluss an Wand
3 Trennung der Decklage der Unterdecke
4 Lichtdecke, Umbau Stadt- und Universitätsbibliothek, Frankfurt 2006, Hochbauamt Frankfurt a. Main
5 Trennwandanschluss an Unterdecke, Decklage mit Fuge
6 Horizontalaussteifung der Unterdecke im Bereich des Trennwandanschlusses
7 Höhenversatz von Brandschutzunterdecken

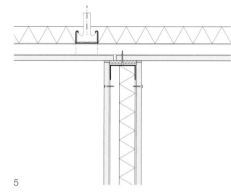

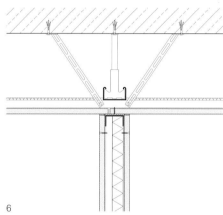

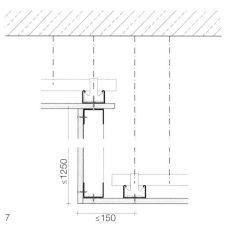

Deckensysteme mit gerasterter Deckenfläche

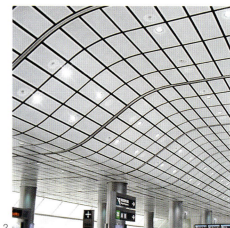
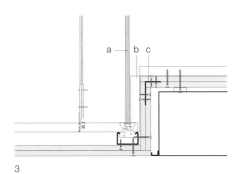
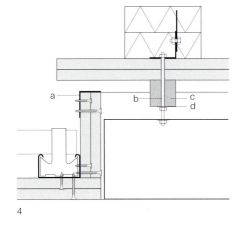
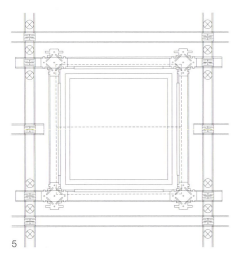

Ist zur Wärmeabfuhr eine Lüftung der Einbauleuchte erforderlich, so wird die Abdeckung des Brandschutzkoffers separat von der Leibung abgehängt, sodass eine Lüftungsöffnung zwischen Leibung und Abdeckung entsteht. Die Abdeckung liegt dabei auf Materialien, die bei Hitzeentwicklung schmelzen (z. B. Polystyrolwürfel) und dadurch im Brandfall ein Schließen der Abdeckung ermöglichen (Abb. 4).

Ausführung und Anschluss von Revisionsklappen sind stark produkt- und herstellerabhängig (Abb. 5). Einzelheiten sind den Prüfzeugnissen sowie den Systemunterlagen zu entnehmen. Es muss besonders darauf geachtet werden, für welche Deckensysteme und Brandbeanspruchungen (von unten/von oben) die Revisionsklappen zugelassen sind.

Systeme mit gerasterter Deckenfläche

Es gibt vielfältige Deckenplatten, die in eine Unterkonstruktion ohne Verfugung eingelegt oder eingeklemmt werden. Einzelne Deckenplatten bleiben als solche erkennbar und die Decke erhält dadurch eine gerasterte Struktur, die noch verstärkt wird, wenn auch die Tragprofile der Unterkonstruktion sichtbar bleiben.

Die Platten sind in Standardformaten lieferbar; die Tragprofile der Unterkonstruktion werden in darauf abgestimmten festen Abständen verlegt, sodass ein exaktes Einlegen oder Einklemmen der Deckenplatten möglich ist. Diese unterscheiden sich in Material, Oberfläche und Kantenform. Die üblicherweise einbaufertigen Platten werden nur bearbeitet oder zugeschnitten, wenn es sich um Randplatten handelt, die dem Wandverlauf (oder Stützen) angepasst werden müssen.

Die Anzahl der auf dem Markt befindlichen Metallunterkonstruktionen ist beträchtlich. Welche Platten- und Konstruktionsart für den Einzelfall geeignet ist, hängt von gestalterischen Vorstellungen und technisch-physikalischen Anforderungen an die Unterdecke ab. Dies führt zu einer großen Vielzahl unterschiedlicher Deckensysteme.

Im Folgenden wird eine knappe Übersicht über Standardsysteme gegeben, die allen Anforderungen der DIN 18168 bzw. DIN EN 13964 entsprechen und sich in der Praxis bewährt haben. Der Schwerpunkt in der Darstellung wird dabei auf die weit verbreiteten Mineralfaser- und Metallkassettendecken (Aluminium, Stahl) gelegt.

Die Plattenkanten von Mineralfaserplatten können bearbeitet, z. B. genutet oder gefalzt, werden. Ähnliche Eigenschaften haben andere volumenbehaftete Platten wie Leichtspanplatten, Gipskassetten, Hartschaumplatten usw., die den Mineralfaserplatten in den Kantenformen ähneln und somit auch in der Handhabung und im Fugenbild vergleichbar sind. Dagegen können Metallplatten aus dünnem Blech nicht genutet, sondern im Rahmen der Blechumformung bearbeitet werden.

1, 2 geschwungene Metalldecke, U-Bahnstation »Hongkong Station«
3 Beispiel für den Einbau einer Deckenleuchte in einer Unterdecke mit Brandschutzanforderungen
4 Detailausführung der Lüftungsöffnung
   a Stahlblechwinkel
   b Gewindestange
   c Polystyrolwürfel
   d Unterlegscheibe
5 Beispiel für die Ausführung der Unterkonstruktion bei einer Revisionsklappe

Deckensysteme
mit gerasterter Deckenfläche

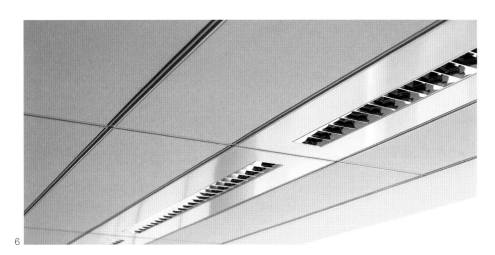

Beide Systeme setzen Platten in Quadrat- oder Rechteckformaten mit oder ohne Lochung (Perforation) ein. Die Platten werden dabei in die Unterkonstruktion eingelegt, Metallkassetten auch eingeklemmt. Es gibt Bandrastersysteme und freitragende Flurdecken.

Zubehör wie Beleuchtungskörper, Elemente zur Luftführung etc. sind auf das Deckenraster abgestimmt. Die Konstruktion der Decke braucht in diesem Fall nicht angepasst werden, da anstelle einer Platte ein Einbauelement einsetzt wird. Derartige Elemente sind für alle Standardraster lieferbar. Ihre Ränder sind so ausgebildet, dass sie sich exakt in die Konstruktion einfügen und den Fugenverlauf der Decke nicht stören. Andersformatige Einbauelemente lassen sich verwenden, wenn sie ringsum ein Auflager haben, das die angeschnittenen Kanten der Deckenplatten und die freien Enden der unterbrochenen Profile aufnimmt. Wegen des im Vergleich zu den Deckenplatten höheren Gewichts der Einbauten müssen diese zusätzlich abgehängt werden. Bei Unterdecken mit Brandschutzfunktion müssen Leuchten rückseitig mit geeigneten Platten ummantelt sein (Brandschutzkoffer).

Als Revisionsöffnungen in gerasterten Unterdecken dienen:
- bei Systemen mit herausnehmbaren Platten alle Platten
- bei Systemen mit fest eingebauten Platten einzelne, demontierbar gestaltete Platten
- reguläre Revisionsklappen

T-Systeme
Bei T-Systemen ist die Metallunterkonstruktion in einer Ebene angeordnet. Die Profile weisen einen t-förmigen Querschnitt auf, wobei die Längs- und Querprofile fest miteinander verbunden sind (S. 50, Abb. 4 und S. 51, Abb. 6). Demzufolge sind diese Systeme nur für bestimmte Plattenformate geeignet. Bei der Fixierung der Abhängepunkte muss der spätere Fugenverlauf der Decklage berücksichtigt werden. Vorteile: Es werden weniger Profile als bei den Z-Systemen benötigt und durch das einfache Verlegen der Platten kurze Montagezeiten erzielt.

Die Querprofile werden üblicherweise im Abstand von 60 oder 62,5 cm eingesetzt, sodass ein Rechteckraster (60 × 120 cm oder 62,5 × 125 cm) entsteht. Durch Verbindungsprofile, die zwischen die Querprofile gesteckt werden, lassen sich Quadratraster mit 60 × 60 cm oder 62,5 × 62,5 cm erstellen. Das gleiche Ergebnis erzielt man, wenn die Tragprofile im Abstand von 60 bzw. 62,5 cm aufgehängt und quer dazu die Verbindungsprofile eingesetzt werden. Die Querprofile sind dann überflüssig, sodass der Abhängerabstand erweitert werden kann. Der Arbeits- und Zeitaufwand für das Aufhängen und Ausrichten der Tragprofile ist jedoch größer (Begriffe, S. 50, Abb. 4).

Bei sichtbaren Konstruktionen bleiben die unteren Flansche des Profilrasters erkennbar. Die Platten können demontiert werden, und der Deckenhohlraum ist an jeder Stelle zugänglich. Zum Einlegen und Herausheben der Platten ist über den Profilen eine freie Höhe von ca. 8 cm erforderlich.

Die Abbildungen 7 und 8 auf Seite 51 zeigen typische Konstruktionsvarianten mit Mineralfaserplatten und Metalldeckenplatten.

Z-Systeme
Als Z-Systeme werden Deckensysteme bezeichnet, bei denen die Tragprofile eine z-ähnliche Form haben (S. 50, Abb. 1 und 2). Als konstruktives Merk-

6 Mineralfaser-Langfeldplatten mit Langfeldleuchten
7 Z-System mit herausnehmbaren Mineralfaserplatten und verdeckter Unterkonstruktion
  a Abhänger
  b t- oder c-förmige Grundprofile
  c Verbindungselemente für Grundprofile
  d Tragprofile mit z-ähnlichem Querschnitt (Z-Profile)
8 Z-System mit Metalldeckenplatten und verdeckter Unterkonstruktion
  a Langfeldplatte
  b quadratische Kassette

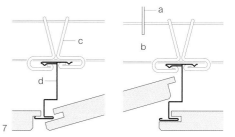

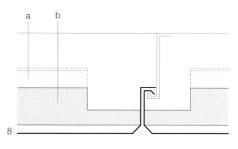

Deckensysteme
mit gerasterter Deckenfläche

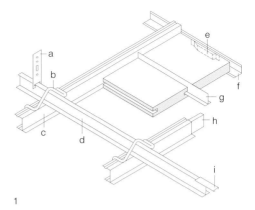

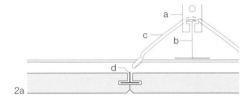

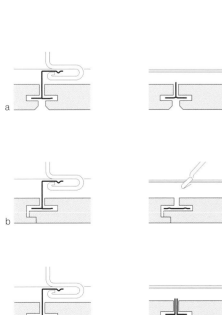

mal gilt die Anordnung der Metallkonstruktion in zwei Ebenen. Die obere wird von Grundprofilen gebildet, deren Abstände man bis zur systemspezifischen Höchstgrenze beliebig variieren kann. Dadurch wird es möglich, die Verankerungen und Abhängungen dort anzubringen, wo die tragende Konstruktion sich dazu anbietet und keine Installationen oder andere Hindernisse im Wege sind.

In der zweiten Ebene verlaufen unterhalb der Grundprofile Tragprofile, die die Platten aufnehmen. Sie sind frei verschiebbar, sodass der Fugenverlauf der Unterdecke von den Grundprofilen unabhängig ist. Lage und Abstand der Z-Profile entsprechen dem Verlauf der Längsfugen der Deckenplatten.

Bei weichen Platten (z. B. Mineralfaserplatten) werden zusätzlich t-förmige Aussteifungsprofile eingesetzt, die die Plattenstirnkanten aufnehmen. Die Enden der Profile liegen auf den Flanschen der Tragprofile auf. Als Wandanschluss dienen Winkelprofile zur Aufnahme der freien Kanten der zugeschnittenen Randplatten.

Besondere Merkmale des Standardsystems sind:
- Das System ist für jede Plattenbreite und -länge, auch für Sonderformate geeignet.
- Die Lage der Abhängungen und Grundprofile ist unabhängig vom Fugenverlauf der Decke und kann sich deshalb nach örtlichen Gegebenheiten richten.
- Bei Verwendung von Platten mit unterschiedlichen Kantenformen lassen sich mit der gleichen oder einer ähnlichen Unterkonstruktion eine Reihe von Konstruktionsvarianten, z. B. mit sichtbarer Unterkonstruktion oder herausnehmbaren Platten, realisieren.

Die Abbildungen 3, 7 und 8 zeigen einige Konstruktionsvarianten.

Klemmsysteme
Neben den Einlegesystemen existieren für Metalldeckenplatten auch Klemmsysteme. Dabei befinden sich auf den beiden seitlichen Kassettenstegen Dorne oder Nocken. Beim Einschieben der Kassettenstege in die Klemmschiene rastet der Klemmdorn im Inneren der Schiene oberhalb ihres Druckpunkts ein, wobei ein eventueller zweiter Klemmdorn darunter liegen bleiben kann. Die Kassette ist

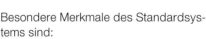

1 Rasterdecke mit verdeckter Konstruktion im Z-System, Standardausführung
  a Abhänger
  b Verbindungselement Grundprofil/Tragprofil
  c Tragprofile mit z-ähnlichem Querschnitt (Z-Profile)
  d t- oder c-förmige Grundprofile
  e Wandfedern
  f Wandanschluss mit Winkelprofilen
  g t-förmige Aussteifungsprofile (nur für weiche Platten, z. B. Mineralfaserplatten)
  h Verbindungselemente für Tragprofile
  i Verbindungselemente für Grundprofile
2 Schnitte zu Abb. 1
  (Numerierung siehe Abb. 1)
3 Konstruktionsvarianten mit Mineralfaserplatten im Z-System (jeweils Längs- und Querschnitt)
  a verdeckte Konstruktion mit Schattenfugen
  b verdeckte Konstruktion mit Nut- und Federplatten
  c halbverdeckte Konstruktion
4 Rasterdecke mit verdeckter Konstruktion im T-System, Standardausführung
  a Abhänger
  b t-förmige Tragprofile
  c Querprofile
  d Verbindungsprofile
  e Wandanschluss mit Winkelprofilen
5 Mineralfaser-Bandrasterdecke mit Einbaustrahlern
6 Schnitte zu Abb. 4
  a Querschnitt
  b Längsschnitt
7 Konstruktionsvarianten mit Mineralfaserplatten im T-System (jeweils Längs- und Querschnitt)
  a halbverdeckte Konstruktion mit oder ohne Schattenfugen
  b verdeckte Konstruktion
8 T-System mit Metalldeckenplatten und sichtbarer Unterkonstruktion
  a Langfeldplatte
  b quadratische Kassette
9 Klemmprofil und Kassettenstege mit Klemmdornen (Schema)

Deckensysteme
mit gerasterter Deckenfläche

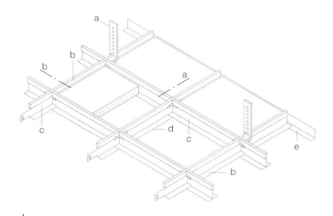

4

somit fest fixiert (Abb. 9).
Bei entsprechender Ausbildung der Metallkassetten ist es möglich, einzelne Elemente im Deckenfeld aufzuklappen, ohne sie vollständig aus der Unterkonstruktion zu lösen oder andere Kassetten zu bewegen. Die Aufklappbarkeit der Deckenplatten erleichtert gelegentliche Arbeiten im Deckenhohlraum, die Kassetten sind gezielt an jeder Stelle zu öffnen (S. 52, Abb. 3).

Bandrasterdecken
Bandrasterdecken finden Verwendung, wenn ein Bau mit leichten oder versetzbaren Trennwänden ausgestattet werden soll, die nicht bis zur Rohdecke durchgehen, sondern nur bis zur Unterdecke reichen und dort fest und sicher verankert werden müssen. Zu diesem Zweck werden in bestimmten Abständen, die meist dem Bauraster entsprechen, besonders breite, stabile, sichtbar bleibende Tragprofile, sogenannte Bandrasterprofile, in der Unterdecke angeordnet (S. 52, Abb. 1). Sie dienen als Auflager für die Deckenplatten und gleichzeitig als Befestigungsmöglichkeit für die Trennwände.

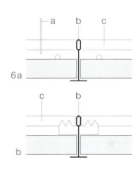

6a

b

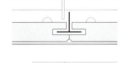

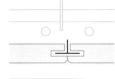

7a

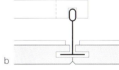

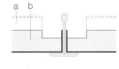

b

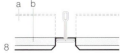

8

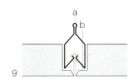

9

5

Deckensysteme
mit gerasterter Deckenfläche

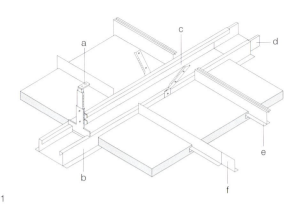

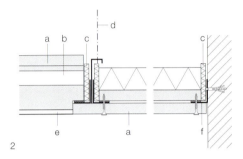

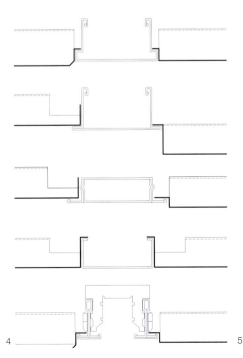

Da der Deckenhohlraum nicht durch Trennwände unterbrochen wird, können Installationen frei und ungehindert über die gesamte Geschossfläche geführt werden. Die Profile gibt es in Breiten von 50 bis 150 mm, wobei die Standardbreite 100 mm beträgt.

Bandrasterdecken bieten den Vorteil, dass Trennwände nachträglich eingebaut und bei jeder Nutzungsänderung versetzt werden können, ohne die Decke zu beschädigen. Um ein seitliches Ausweichen zu verhindern und mögliche Schubkräfte aus den Trennwänden aufzufangen, werden die Bandrasterprofile in Abständen von etwa 200 cm mit Schrägaussteifungen zur tragenden Konstruktion hin versehen.

Es gibt Bandrasterprofile in verschiedenen Ausführungen und für unterschiedliche Funktionen. Sie können gut für die Integration von Beleuchtung, Lüftung, Stromschienen usw. genutzt werden. Neben der parallelen Anordnung der Bandrasterprofile ist auch eine kreuzweise Anordnung möglich. Zum Leuchteneinbau werden entweder die Bandrasterprofile gegen Bandrasterleuchten ausgetauscht oder Langfeldleuchten in die Deckenfelder zwischen den Bandrasterprofilen eingesetzt.

Verschiedene Bandrasterprofile in Kombination mit Metalldeckenplatten sind in Abbildung 4 dargestellt.

Freitragende Unterdecken
Unter freitragenden Deckensystemen werden Konstruktionen verstanden, die nicht an der Rohdecke abgehängt sind sondern deren Unterkonstruktion von Wand zu Wand spannt.

Der Einsatz freitragender Unterdecken bietet sich unter folgenden Randbedingungen an:

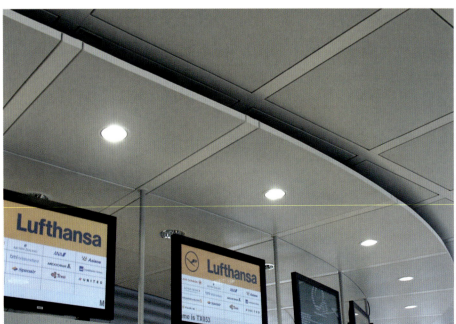

Deckensysteme
mit gerasterter Deckenfläche

- bei eingeschränkter Zugänglichkeit der tragenden Rohdecke für die Befestigung von Abhängern (z. B. durch hohe Installationsdichte)
- bei Unterdecken in Fluren, deren Decklage für Wartungs- und Reparaturarbeiten häufig demontiert werden muss
- bei nicht ausreichend tragfähigen Rohdecken (z. B. im Bestand)

Oft werden freitragende Unterdecken in Fluren eingesetzt, da hier meist eine hohe Installationsdichte vorliegt, eine Revisionierbarkeit gegeben sein muss und die nahe beieinanderliegenden Flurwände eine geringe Spannweite ergeben. In der Regel sind diese Decken als brandschutztechnisch selbstständig bei Brandbeanspruchung von oben und unten klassifiziert.

Die angrenzenden Wände nehmen die gesamte Eigenlast der Unterdecke auf und müssen diese auch im Brandfall tragen. Sie benötigen deshalb denselben Feuerwiderstand wie die Unterdecke. Als tragende Wände kommen alle üblichen Konstruktionen infrage. Die Randbedingungen der Prüfzeugnisse für Unterdecken sind zu beachten – bei Metallständerwänden sind ggf. zusätzliche Beplankungslagen oder reduzierte Spannweiten vorgegeben. Die Decken können in der Regel keine weiteren Lasten aufnehmen, die Integration von Leuchten oder anderen Einbauten ist systemabhängig möglich und im Prüfzeugnis geregelt.

Je nach System können Spannweiten bis 500 cm realisiert werden. Dabei sind die Deckenplatten entweder selbsttragend (z. B. durch interne Aussteifungssysteme, Kastenform), oder sie werden an Tragkonstruktionen (z. B. T-Profile) befestigt oder darauf aufgelegt. Einige Systeme umfassen einzeln demontierbare oder abklappbare Deckenelemente für die Zugänglichkeit des Deckenhohlraums. Die selbsttragenden Deckenplatten oder die Tragkonstruktionen werden quer zum Flur von Wand zu Wand gespannt. Die Wandanschlussprofile tragen die Last der Decke und etwaiger Einbauten. Sie sind deshalb stärker dimensioniert als übliche Wandprofile und an den Wänden entsprechend der Angaben des Prüfzeugnisses zu befestigen.

Bei Konstruktionen mit herkömmlichen Mineralfaserplatten sind die Längskanten genutet. Sie werden mit aussteifenden Profilen versehen, um den Flur ohne unzulässige Durchbiegung frei überspannen zu können. Je nach Flurbreite benötigt man Profilhöhen bis zu 70 mm. Mit speziellen Systemen sind selbstständige Mineralfaserdecken bis F 90 bei Brandbeanspruchung von oben und unten möglich.

1 Mineralfaserdecke als Bandrasterdecke
  a drucksteife Abhänger
  b Bandrasterprofile
  c Schrägaussteifung
  d Verbindungselemente für Bandrasterprofile
  e t- oder z-förmige Aussteifungsprofile
  f l-Profile (für herausnehmbare Platten werden zwei L-Profile eingesetzt)
2 freitragende Flurdecke (Spezialbrandschutzplatten mit unterseitiger Metallkassette), Auflagerung auf Randfries, F 90–AB bei Brandbeanspruchung von oben und unten
  a Spezialbrandschutzplatte
  b Blähpapierstreifen
  c Mineralwollstreifen
  d Gewindestange
  e Metallkassette
  f Wandwinkel
3 Klappmechanismus
4 verschiedene Bandrasterprofile
5 Bandraster in kreuzweiser Anordnung mit quadratischen Metallkassetten, Flughafen Terminal 2, München 2003, K+P Architekten
6 Metallbandrasterdecke gelocht (Raumakustik) mit Systemleuchten und Lüftung über das Bandraster, German Centre, Shanghai 2005, Frank Feng Architects

Deckensysteme
mit gerasterter Deckenfläche

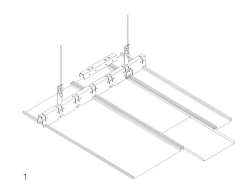

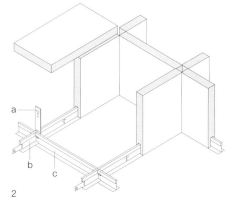

Freitragende Unterdecken aus Gipskartonplatten bestehen entweder aus gefalteten Platten. Die zulässige Spannweite der u-förmigen Elemente ist abhängig von deren Steghöhe, oder sie besitzen eine freitragende Metallunterkonstruktion, an der die Platten befestigt werden. In Kombination mit einer Mineralwollauflage sind selbstständige Gipskartonunterdecken bis F 90 bei Brandbeanspruchung von oben und unten zu erreichen.

Brandschutzsysteme mit Metalluntersicht haben zur Gewährleistung des Feuerwiderstands in den Metallkassetten Einlagen aus mineralischen Plattenwerkstoffen oder Mineralwolldämmstoffen.

Paneeldecken
Paneeldeckenplatten sind deutlich länger als breit. Metallsysteme aus Aluminium oder Stahl werden in die Tragschienen eingeschoben oder eingeklemmt. Die Tragschienen weisen an ihrer Unterseite in regelmäßigen Abständen Nocken auf, in die die Stege der Paneelplatten eingreifen. Die Nocken der Tragschiene und die Breite des Paneelelements müssen aufeinander abgestimmt sein, Nockenbreite und Nockenabstand (= Systemfuge) sind konstant (Abb. 1). Die minimale Breite eines Paneelelements entspricht der Nockenbreite der Tragschiene. Breitere Paneele müssen einem ganzzahligen Vielfachen der Nockenbreite plus einem, um eins geringeren Vielfachen der Systemfuge entsprechen.

Als Tragschienenmodul bezeichnet man die Summe aus Paneelbreite und Systemfuge. Mit der Auswahl des Tragschienenmoduls werden die Paneelbreiten (z. B. kleinste verlegbare Paneelbreite) sowie die Kombination verschiedener Breiten festgelegt. Das Tragschienenmodul bestimmt die Anzahl alternativ verlegbarer Deckenmodule. Je nach Modul können verschiedene Paneel- und Fugenbreiten gewählt werden. Dabei kann die Systemfuge offen ausgebildet oder mit Füllprofilen geschlossen werden.

Paneeldecken eignen sich für die Integration von Beleuchtung, Klima, Lüftung usw. Die Paneele sind in verschiedenen Oberflächen und Farben lieferbar. Als Gestaltungsvarianten gelten unter anderem verschiedene Paneelbreiten, die Fugengestaltung oder Verlegerichtungen. Metallpaneelsysteme sind in der Regel feuchtraumgeeignet. Es existieren Konstruktionen für den Außenbereich (z. B. ballwurfsichere Konstruktionen).

Deckensysteme mit offener Deckenunterseite
Lichtrasterdecken bestehen nicht aus geschlossenen Deckenplatten, sondern aus abgehängten »Gitter«-Platten mit einer bestimmten Höhe der Gitterstege. Sie können z. B. quadratisch, kreis- oder wabenförmig und aus Kunststoff, Alu oder Stahl mit verschiedenen Beschichtungen gefertigt sein. Die Gitterplatten werden entweder auf T-Profile aufgelegt oder untereinander nahtlos verbunden und direkt abgehängt.

1 Paneeldecke mit einsetzbaren Paneelbreiten
2 Wabendecke im Quadrat-/Rechtecksystem
  a spezielle Abhänger
  b Tragprofile
  c Querprofile
3 Schema einer Lamellendecke
  a Abhänger
  b t-förmige Tragprofile
  c Verbindungskupplungen für Tragprofile
  d Deckenlamellen
4 Kühldeckensystem mit integriertem Kupfermäander
5 Klimadecke als geschlossene Gipskartondecke
6 Klimadecke als Metallkassettendecke

Deckensysteme
Kühldecken

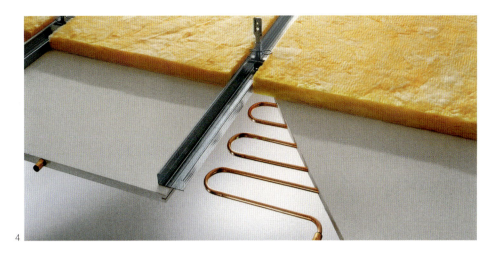
4

Über der Fläche der Decklage werden üblicherweise Beleuchtungskörper angeordnet. Durch das Gitter wird eine indirekte Beleuchtung erreicht, geeignet für Räume mit Anforderung an die Blendungsbegrenzung. Der Abstand zwischen den an der Rohdecke befestigten Leuchten sollte doppelt so groß wie die Abhängehöhe der Unterdecke sein. Durch schräge Stege können gezielt einzelne Raumzonen angestrahlt werden. Die Rastergröße ist auf den jeweiligen Einsatzzweck bezüglich der Beleuchtungswirkung sowie der architektonisch-optischen Wirkung abgestimmt. Lüftungselemente, Lichtkassetten, Downlights usw. können integriert werden.

Bei Waben- und Lamellendecken handelt es sich um Unterdecken, die aus senkrecht stehenden Deckenplatten – üblicherweise Mineralfaserplatten – bestehen (Abb. 3 und 4). Durch diese Anordnung lässt sich weit mehr Schallabsorptionsfläche an der Decke unterbringen als mit waagerechten Platten. Die Beleuchtung kann oberhalb der Decke liegen. Senkrecht liegende Deckenplatten behindern den Lichteinfall nicht, bieten aber einen guten Blendschutz. Installationen, die über der Decke verlegt werden, sind frei zugänglich. Sie werden meist dunkel gestrichen und sind dadurch kaum sichtbar.

Kühldecken
Unterdecken erfüllen zunehmend auch raumklimatische Aufgaben. Die Abführung von Wärmeenergie wird in modernen Verwaltungsgebäuden mit vielfältigen Energiequellen wie Kopieren, Computern und Beleuchtungskörpern, aber auch durch Sonneneinstrahlung, unerlässlich. Anstelle von konventionellen Klimaanlagen, die erhebliche Raumluftbewegungen und damit auch unangenehme Zuglufterscheinungen und Strömungsgeräusche erzeugen, ermöglichen Klimadecken eine großflächige Abführung von Wärmeenergie ohne die genannten Nachteile.

Eine Kühldecke wirkt immer direkt auf die im Raum befindlichen Wärmequellen ein (Strahlung), darüber hinaus auch über die Raumluft (Konvektion). Je nach Aufbau des Kühldeckensystems und der vorhandenen Luftbewegung im Raum können die Anteile von Strahlung/Konvektion variieren. Die Kühlung der Decke erfolgt üblicherweise durch geschlossene Wasser- oder Luftkreisläufe, welche auf oder unter der Unterdeckenbekleidung installiert werden. Kühldeckensysteme werden in der Regel mit Deckenbekleidungen aus Gipsbauplatten oder Metall eingesetzt (Abb. 4–6).

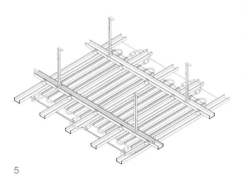
5

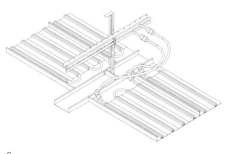
6

Bodensysteme

Bei Bodensystemen unterscheidet man Trockenunterböden und Systemböden:
- Trockenunterböden (Trockenestrichsysteme) werden überwiegend im Wohnungsbau eingesetzt, vor allem im Bereich Sanierung und Renovierung.
- Systemböden wie Hohl- und Doppelraumböden finden im Büro- und Verwaltungsbau Verwendung.

Eine Übersicht über Trockenunterböden, Doppelböden und Hohlraumböden, ihre Einsatzbereiche und die verwendeten Werkstoffe liefert Tabelle T1.

Trockenunterböden

Als Trockenunterböden werden alle in Trockenbauweise, flächig ohne Hohlraum verlegten, tragfähigen Bodenbekleidungen bezeichnet. Hierzu zählen:
- Bodenbeplankungen auf Holzbalkendecken oder Lagerhölzern
- Trockenestrichsysteme, welche in der Regel schwimmend verlegt werden

Trockenunterböden zeichnen sich aus durch:
- Vermeidung von Baufeuchte
- schnelle Belast- und Nutzbarkeit
- geringes Eigengewicht
- geringe Bauhöhe

Diese Eigenschaften prädestinieren Trockenunterböden für das Bauen im Bestand und die Sanierung von Holzbalkendecken (s. Tabelle T2).

Die einzelnen Unterbodensysteme unterscheiden sich hauptsächlich durch die verwendeten Plattenwerkstoffe, die sich durch den Einsatzbereich, die Anforderungen aus der Nutzung und den vorgesehenen Bodenbelag bestimmen. Folgende Trockenunterbodensysteme sind verbreitet:
- Spanplatte umlaufend mit Nut und Feder: In Abhängigkeit vom Unterstützungsabstand darf die Mindestdicke 19 mm, bei schwimmender Verlegung 25 mm nicht unterschreiten.
- Gipsfaser-Trockenunterboden aus 2 × 12,5 mm Gipsfaserplatten werkseitig verleimt, mit umlaufendem Stufenfalz
- Gipsfaser-Trockenunterboden aus hochverdichteten Gipsfaserplatten mit eingefrästem Stufenfalz bzw. »Click-Profilierung«
- Trockenunterbodenelemente aus drei Lagen Spezialgipskartonplatten, längsseits mit Nut und Feder, stirnseits mit Stufenfalz, Gesamtdicke ca. 25 mm
- Trockenunterbodenelemente aus 12,5 mm dicken Gipskarton- oder Gipsfaserplatten, die vor Ort verleimt werden
- zementgebundene Holzspanplatten, ein- oder mehrlagig verlegt
- mineralische Platten (zementgebunden, keramisch), ein- oder mehrlagig verlegt

Viele Trockenunterböden werden auch als Verbundelemente hergestellt. Dabei sind die Plattenwerkstoffe rückseitig mit Mineral-, Holzfaser- oder PS-Hartschaumdämmstoffen zur Trittschalldämmung kaschiert.

T1: Bodensysteme im Trockenbau, Eigenschaften und Einsatzbereiche

Bodensysteme	Beschreibung	Einsatzbereiche	Werkstoffe	Brandschutz
Trockenunterböden	Trocken verlegte Unterbodensysteme bestehen je nach Anforderung aus einer Ausgleichsschüttung, Trittschalldämmung und TE-Boden- oder Unterplatte.	Modernisierung, Sanierung, Wohnungs-, Büro- und Dachgeschossausbau; besonders gut geeignet für Fußbodenaufbauten oberhalb von Holzbalkendecken	Bodenplatten aus Gipskarton-, Gipsfaser-, Holzwerkstoffplatten oder mineralische Platten	F30–F120
Trockenestriche	Trockenestrichsysteme oder Unterböden werden je nach Hersteller als Verbundsystem oder als Einzelplattensystem angeboten. Im zweiten Fall werden die Platten an der Baustelle miteinander verklebt.			
Hohlraumböden	Estrichböden mit geschlossener Oberfläche auf »Gewölben« und einer verlorenen Schalung; der Hohlraum zwischen Rohdecke und Boden (40–200 mm) bietet Platz für Installationen. Die Abstände der Tragfüße betragen 200 bis 300 mm. Gesamtbauhöhen von 65 bis 190 mm; besonders für hohe Lasten geeignet	Büro- und Flurbereiche mit hoher Installationsdichte, EDV-Räume, Werkstätten und Hallen mit normalen Anforderungen an die Flexibilität und Revisionierbarkeit	Gewölbe- bzw. Tragfüße aus Kunststoff, Metall oder Stein, verlorene Schalung aus Gipskarton-, Gipsfaser- oder Stahlplatten; Estrich-Nivelliermasse aus Fließestrich	F30–F90
Doppelböden	flexible Bodensysteme aus einzelnen Platten im Regelrastermaß 600 × 600 mm; Doppelböden werden auf der Rohdecke mit Stützen aufgeständert. Es können je nach Nutzung verschiedene Höhenniveaus (60–1200 mm und höher) ausgeführt werden. Die Platten sind an jeder Stelle austauschbar.	Büro- und Flurbereiche mit hoher Installationsdichte und/oder Anforderungen an die Veränderbarkeit von Grundrissen, Computerräume, Schalträume, Funk- und Fernsehstudios, Labors, Werkstätten und Reinräume mit hohen Anforderungen an die Flexibilität und Revisionierbarkeit	Holzwerkstoff, Stahl, Aluminium, Metallwannen mit mineralischen Füllungen, armierter Leichtbeton oder Betonausfüllung, Gipsfaser, Calciumsulfat	F30–F60

Bodensysteme
Trockenunterböden

Die Trockenunterbodenplatten werden vor Ort untereinander mit Stufenfalz, Nut- und Federsystemen oder stumpfgestoßen im Verband verlegt sowie durch Verleimen und mechanische Verbindungsmittel kraftschlüssig aneinandergefügt. Zur Erhöhung der Biegefestigkeit des Trockenunterbodens können zusätzliche Ausgleichslagen mit geeigneten Plattenwerkstoffen angeordnet werden (Abb. 2 und 3).

Vorbereitung des Rohbodens
Nicht unterkellerte Rohbodenflächen (Bodenplatten) müssen entsprechend der Beanspruchungsgruppe nach DIN 18195 abgedichtet werden. Stahlbetondecken sind wegen der häufig noch vorhandenen Restfeuchte mit diffusionsdichten Materialien vollflächig abzudecken. Auf Holzbalkendecken, besonders bei Dielenböden, werden als Rieselschutz diffusionsoffene Materialien wie Well-, Kartonpapier oder Ähnliches verwendet.

Höhenausgleich von Rohdecken
Da nahezu alle Trockenunterbodenplatten eine geringe Eigenbiegesteifigkeit aufweisen, müssen sie vollflächig aufliegen. Dies erfordert bei vorhandenen Unebenheiten des Rohbodens einen Höhenausgleich in Abhängigkeit der Größe der vorgefundenen Toleranzen (s. Tabelle T3).

Trockenschüttungen
Trockenschüttungen werden zum Rohbodenausgleich unter dem Trockenunterboden eingesetzt, um Gefälle und Unebenheiten von mehr als 20 mm zu egalisieren. Sie eignen sich als alleinige oder zusätzliche Wärmedämmung und verbessern zdem den Trittschallschutz einer Deckenkonstruktion (Abb. 4 und 5).
Die Schüttungen werden direkt auf die Rohdecke aufgebracht. Bei undichten Stellen, z.B. Fugen in Holzdielen oder Astlöchern usw., muss ein Rieselschutz ausgelegt und an den angrenzenden Wänden hochgezogen werden.

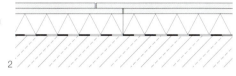

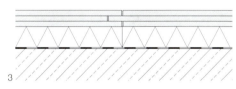

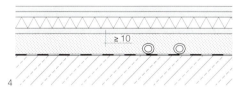

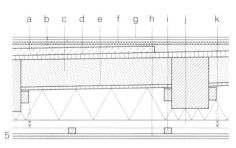

T2: Austrocknungszeiten und Feuchteeintrag von Estrichen

Estrichart	Mindestdicken der Bodenplatte	Austrocknungszeiten	belastbar nach	Feuchteeintrag
Trockenestrich	ab 20 mm	≤ 24 h	1 Tag	≤ 0,01 l/m²
Gussasphaltestrich	40 mm	36 h	½ Tag	0,3 l/m²
Anhydritestrich	35 mm	≥ 24 Tage	3 Tagen	0,8 l/m²
Zementestrich	40 mm	≥ 26 Tage	2 Wochen	0,5 l/m²

T3: Maßnahmen zum Ausgleich von Unebenheiten des Rohbodens

Unebenheiten	Maßnahmen zum Ausgleich
≤ 2 mm	Hartschaum- oder Faserdämmstoffplatten
≤ 5 mm	Weichschaummatten (z.B. aus Polyethylen)
≤ 10 mm	selbstnivellierende Fließspachtelmassen Ansetzbinder
10–20 mm	Fließspachtelmassen mit kleinkörnigen Zuschlägen im Verhältnis 1:2 (z.B. mit gewaschenem Sand, Sieblinie 0 bis 2,0 mm)
10–25 mm	Zement-Sand-Gemische im Verhältnis 1:5
> 10 mm	Trockenausgleichsschüttungen

1 Gipsfasertrockenestrich auf Schüttung in Pappwaben
2 Elementstoß mit Stufenfalz
3 Elementstoß mit Nut- und Federverbindung
4 Trockenunterboden mit Ausgleichsschüttung (Lastverteilungsplatte oberhalb der Schüttung je nach System)
5 Holzbalkendeckensanierung, schwimmender Trockenestrich, Niveauausgleich über Schüttung, abgehängte Unterdecke
  a Grobausgleich Porenbetonplatte
  b Ausgleichsschüttung
  c Einschub
  d Spanplatten oder Hobeldielen
  e Blindboden
  f Trittschalldämmung
  g schwimmender Trockenunterboden
  h Deckenbekleidung
  i Traglattung
  j Grundlattung
  k Abhängung

Bodensysteme
Trockenunterböden

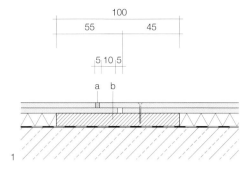

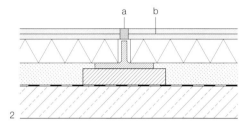

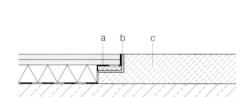

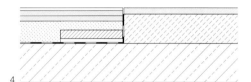

1 Ausbildung einer Bewegungsfuge
 a elastische Verfugung
 b Lagerholz
2 Ausbildung einer Bewegungsfuge bei Verlegung auf Schüttung
 a elastische Verfugung
 b Lagerholz
3 Anschluss an Nassestrich mit Winkelschiene
 a Körperschallentkopplung
 b Winkelschiene
 c Verbundestrich
4 Anschluss an Nassestrich, Unterfütterung mit einer Holzwerkstoffplatte im Randbereich
5 stumpfer Stoß im Türbereich
 a elastische Verfugung
6 stumpfer Stoß im Türbereich auf Schüttung

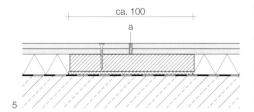

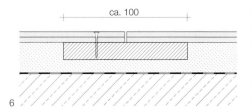

Um eine ausreichende Verdichtung und Tragfähigkeit des Schüttmaterials zu erzielen, ist eine bestimmte Mindesteinbauhöhe (Mindestschütthöhe 15 bis 20 mm je nach Material, ca. das Fünffache des maximalen Korndurchmessers) erforderlich. Je nach Kornstruktur kann bei einigen Trockenschüttungen die Einbauhöhe bis auf Null auslaufen. Schütthöhen über 40 bis 60 mm (je nach Material) erfordern eine Nachverdichtung der Schüttung. Bei einem Höhenausgleich über 60 mm kann der Grobausgleich durch das Auslegen zusätzlicher Bau- oder Dämmstoffplatten erfolgen, sodass die Schütthöhe auf 60 mm begrenzt wird.

Installationsleitungen (Kalt- und Warmwasser, Abwasser, Elektrik usw.) können direkt überschüttet werden. Dabei ist je nach Schüttmaterial eine Mindestüberdeckung von 10 bis 20 mm ab der Oberkante der Installationsebene notwendig. Die Installationen werden auf der Rohdecke mechanisch befestigt, damit dynamische Bewegungen nicht zur Unterwanderung der Installationsleitungen mit Schüttgut (»Aufschwimmen«) führen.

Bei Trockenunterbodensystemen mit Nut- und Federverbindungen o. Ä. empfiehlt es sich, auf der Schüttung eine Abdeckung zu verlegen, um das Eindringen von Schüttgut in den Stoßbereich zu verhindern. Diese Abdeckschicht kann bei Systemen mit überlappenden Falzen entfallen.

Anforderungen an Dämmstoffe
Das Verlegen von Dämmstoffen direkt auf der Rohdecke ist nur bei geringen Oberflächentoleranzen möglich. Bei größeren Unebenheiten muss zuerst ein Oberflächenausgleich vorgenommen werden. Die Druckfestigkeit der Dämmstoffe ist wegen der geringeren Eigenbiegesteifigkeit und des niedrigeren Eigengewichts des Trockenunterbodens höher als bei Nassestrichen zu wählen. Zu weiche bzw. ungenügend steife Dämmstoffe geben bei Belastung (z. B. beim Begehen) nach, wodurch Schwingungen auf Einrichtungsgegenstände übertragen werden können. Bei harten Bodenbelägen wie Fliesen und Steinbelägen besteht durch eine zu weiche Bettung der Unterbodenplatten eine erhöhte Rissgefahr. Der Einsatz von Hartschaumdämmstoffen verlangt eine Qualität ≥ PS 30; als Faserdämmstoffe sind für Trockenestriche geeignete Trittschalldämmplatten zu verwenden.

Beläge für Trockenunterböden
Beläge für Trockenunterböden werden nach dem Aushärten der Plattenverklebungen direkt aufgebracht. Dafür eignen sich folgende Beläge:
- elastische Beläge (PVC, Linoleum)
- Textilbeläge (Teppichböden)
- Hartbeläge (keramische Fliesen, Parkett und Laminat)

Bei Bahnenware wie Teppich- und PVC-Beläge sind je nach Belagdicke vollflächige Abspachtelungen erforderlich, um das Abzeichnen von Plattenstößen zu vermeiden. Ebenso ist bei Anforderungen an die Stuhlrollenfestigkeit bei den meisten Plattenwerkstoffen eine vollflächige Abspachtelung von mindestens 2 mm notwendig. Bodenflächen, die mit Fliesen oder Parkett versehen werden, dürfen nicht abgespachtelt werden.

Keramische Fliesen und Steinbeläge sollten die Maße 300 × 300 mm nicht überschreiten. DIN 18155 fordert eine Biegezugfestigkeit des keramischen Belags > 25 N/mm². Die Verklebung auf dem Trockenunterboden erfolgt im Dünnbettverfahren. Als Untergründe für den Fliesenbelag sind mineralisch gebundene Platten (z. B. Gipsbauplatten) zu verwenden. Holzwerkstoffplatten eignen sich aufgrund ihres Schwind- und Quellverhaltens nicht.

Bodensysteme
Trockenunterböden

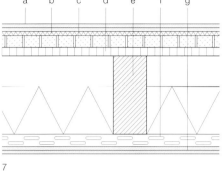

7 Beispiel für eine Holzbalkendecke mit gutem Schallschutz durch den Einsatz eines Trockenestrichs in Kombination mit einer Beschwerung und einer über Federschienen befestigten Deckenbekleidung
 a 2× 10 mm GF-Trockenestrichelement
 b 10 mm Holz-Weichfaserdämmplatte
 c 30 mm Pappwaben mit Sandfüllung
   g = 1,5 kN/m³
 d 22 mm Holzspanplatte
 e 80/200 mm Holzbalken e = 62,5 cm
 f 27 mm Federschiene
 g 2× 10 mm GF (Gipsfaserplatte)

Im Bereich von Feuchträumen (z. B. Bäder) sind Trockenestrichflächen mit einer Flächenabdichtung zu versehen. Fliesenkleber, Abdichtungsstoff und Trockenestrich müssen aufeinander abgestimmt sein, um einen dauerhaft schadensfreien Einsatz des Unterbodens zu ermöglichen.

Parkettbeläge werden aufgrund des verwandten Quell- und Schwindverhaltens bevorzugt auf Holzwerkstoffplatten verlegt. Mineralische Untergründe, z. B. Gipsbauplatten, sind auf ihre Eignung als Parkettuntergrund zu prüfen, wobei sogenannte schubarme Parkettarten, wie mehrschichtig verleimtes Fertigparkett oder Holzlaminatplatten, bevorzugt Verwendung finden. Je nach Unterbodenart sind Dehnungsfugen im Abstand von 10 bis 15 m erforderlich. Die Randdehnungsfugen zwischen Wand und Unterboden bzw. zwischen Wand und Parkettbelag müssen mindestens 10 mm betragen.

Anschlüsse
Eine akustische Entkopplung des Unterbodens gegenüber den angrenzenden aufgehenden Bauteilen (Wände, Stützen) erfolgt mittels Randdämmstreifen mit einer Dicke von ca. 10 mm.

Anschlüsse an Massivböden, Plattenbeläge aus Naturstein, Fliesen oder Hohlraumböden werden mit Winkelschienen unterfangen. Stöße von Trockenunterbodenelementen im Türbereich sind mithilfe eines Holzbretts oder mit Plattenstreifen kraftschlüssig zu hinterfüttern. Hierbei ist darauf zu achten, dass die Hinterfütterung ebenfalls auf einem Dämmstreifen aufliegt, damit diese nicht als Schallbrücke wirkt (Abb. 1–6).

Trittschallschutz mit Trockenunterböden
Schwimmend verlegte Trockenunterböden können zur Trittschallverbesserung auf Massiv- und Holzbalkendecken verwendet werden. Die erzielbaren Trittschallverbesserungsmaße hängen wesentlich von der Bauweise der Rohdecke, dem Aufbau des Trockenunterbodens und der dynamischen Steifigkeit des Dämmstoffs ab. Sie liegen je nach Aufbau zwischen 17 und 27 dB. Die höheren Werte werden in Kombination mit Trittschalldämmplatten aus Faserdämmstoff und Schüttungen erzielt.

Die Angabe eines allgemeingültigen Trittschallverbesserungsmaßes für leichte Deckensysteme, wie z. B. Holzbalkendecken, ist nicht möglich. Das genormte Messverfahren im Prüfstand bezieht sich ausschließlich auf Massivdecken. Auf leichten Deckensystemen verhalten sich schwimmende Estriche jedoch akustisch anders als auf massiven Betondecken. In der Regel wird mit dem gleichen Trockenestrich auf einem leichten Deckensystem nur etwa ein Drittel des Trittschallverbesserungsmaßes wie auf einer massiven Rohdecke erreicht. Die auf Massivdecken ermittelten Werte können daher nicht auf leichte Deckensysteme übertragen werden, sondern dienen lediglich als vergleichende Orientierungswerte für die akustische Qualität unterschiedlicher Trockenestrichsysteme.
Die Trittschallverbesserungsmaße von Trockenestrichsystemen auf Holzbalkendecken liegen je nach Aufbau zwischen 7 und 17 dB. Die höheren Werte werden in Kombination mit Trittschalldämmplatten aus Faserdämmstoff und Schüttungen erreicht (Abb. 7).

Brandschutz mit Trockenunterböden
Bei raumabschließenden Holzbalkendecken mit einer Feuerwiderstandsklasse ≥ F 30 und einer Brandbeanspruchung von oben ist ein schwimmender Estrich oder Fußboden erforderlich. Dies können auch Trockenestrichsysteme oder Trockenunterböden sein. Sie schützen im Brandfall die tragende Beplankung gegen zu frühes Versagen und verhindern u. a. das Durchbrechen der Decke.

Nach DIN 4102-4 können bis zur Feuerwiderstandsklasse F 60 anstelle von Mörtel-, Gips- und Gußasphaltestrichen auch Trockenestriche aus Gipskarton- und Holzwerkstoffplatten eingesetzt werden. Für andere Plattenwerkstoffe, abweichende Konstruktionen und bei höheren Brandschutzanforderungen (F 90 bis F 120) gelten die Nachweise über Prüfzeugnisse.

Dämmschichten unter Trockenestrichsystemen müssen nach DIN 4102-4 aus mineralischen Fasern bestehen, mindestens der Baustoffklasse B2 angehören und eine Rohdichte ≥ 30 kg/m³ aufweisen. Auf sie kann verzichtet werden, wenn dafür ≥ 9,5 mm dicke Gipskartonplatten oder Gipsfaserplatten ≥ 10 mm eingesetzt werden. Zusätzliche Hartschaumschichten sind erlaubt und beeinflussen den Feuerwiderstand nicht negativ, wenn sie mindestens die Baustoffklasse B2 besitzen. Anstelle einer Dämmschicht aus Mineralfaserplatten können auch entsprechende Schüttungen verwendet werden.

Integration von Fußbodenheizungen in Trockenböden
Zur Integration von Fußbodenheizungselementen in Trockenunterböden kommen bevorzugt Plattenelemente mit vorgeformten Leitungsbahnen zum Einsatz. Die Wärmeleitfähigkeit der Unterbodenelemente muss auf das Heizungssystem abgestimmt sein. Zur Verbesserung der Wärmeabgabe der Fußbodenheizung an den Unterboden werden in der Regel zwischen der Heizebene und den Unterbodenelementen Wärmeleitbleche angeordnet (S. 60, Abb. 1).
Um bei niedriger Vorlauftemperatur eine ausreichende und gleichmäßige Oberflä-

Bodensysteme
Hohlraumböden

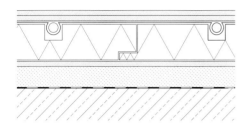

1

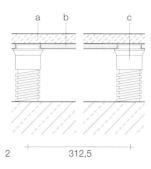

2   312,5

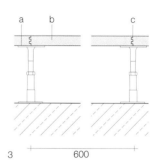

3   600

chentemperatur des Fußbodenbelags zu erreichen, sollte der Abstand der Heizrohre nicht größer als 150 mm sein. Die Temperatur an den Wärmeleitblechen darf, um eine Dehydrierung des Gipses und damit einhergehende Gefügeveränderungen zu vermeiden, 45 °C dauerhaft nicht überschreiten. Dementsprechend darf die Vorlauftemperatur zwischen 45 und 50 °C betragen.

Hohlraumbodensysteme

Unter Hohlraumböden versteht man Bodensysteme mit integrierten Hohlräumen zur Leitungsführung.
Hohlraumböden finden primär in Gebäudebereichen Verwendung, in denen herkömmliche Anforderungen an die Revisionierbarkeit gegeben sind und keine übermäßigen Installationsquerschnitte im Boden integriert werden müssen.

Der Zugang zum Hohlraum erfolgt durch planmäßig vorgesehene oder nachträglich eingebrachte Öffnungen in der Bodenebene (Elektranten).
Systemeigenschaften von Hohlraumböden sind:
- niedrige Einbauhöhe
- hohe Tragfähigkeit
- vorteilhafte brandschutztechnische Eigenschaften
- fugenfreie, geschlossene Oberfläche

Die Tragschicht bildet ein selbstnivellierender Fließestrich auf verlorener Schalung oder eine Plattenebene auf einer Unterkonstruktion. Statt eines Fließestrichs können auch Zement- und Trockenestriche eingesetzt werden (Abb. 2).
Technische Anforderungen, Prüfverfahren und Lastklassen von Hohlraumböden sind in DIN EN 13213 geregelt.

Als verlorene Schalung für die Estrichscheibe kommen folgende Konstruktionen zum Einsatz:

- tiefgezogenes PVC-Material als Bahnenware
- elastische Formplatten mit werkseitig angeformten Füßen aus Estrichmaterial oder Kunststoff
- werkseitig vorgestanzte Gipsbauplatten; in die Ausstanzung werden vor Ort PVC-Schraubfüße eingesetzt, die ein Ausnivellieren der Rohbodenunebenheiten ermöglichen.

Hohlraumböden in Trockenbauweise bestehen in der Regel aus hochverdichteten Gipsfaserplatten mit Plattendicken zwischen 25 mm und 40 mm. Für sehr hohe Lasten kann eine zweilagige Verlegung im Verband erfolgen. Die Platten werden über eine umlaufende Nut- und Federprofilierung stirnseitig verleimt. Das Standardstützenrastermaß beträgt 60 × 60 cm (Abb. 3).

Als Unterkonstruktion werden analog zu Doppelbodensystemen metallische Stützenfüße oder Linienauflager aus Metallvierkantprofilen verwendet. Die aufnehmbare Last wird durch Art und Anordnung der Stützenfüße (z. B. engeres Stützenraster) bzw. durch die Spannweite der Platten auf den Linienauflagern bestimmt. Zur Lasterhöhung können zwischen den Stützenfüßen eingehängte Rasterstäbe als zusätzliches Linienauflager dienen. Eine Verstärkung des statisch schwächeren Randbereichs wird in der Regel durch ein halbiertes Stützenraster (30 cm) oder Rasterstäbe erzielt.

Die Vorteile von Hohlraumböden in Trockenbauweise sind:
- wesentlich geringerer Eintrag von Baufeuchte, keine Austrocknungszeiten
- schnelle Belastbarkeit und Weiterbearbeitbarkeit (z. B. Bodenbeläge)
- niedrige Belastung der Rohdecke durch geringes Eigengewicht der Hohlraumbodenkonstruktion

- geringere Kosten gegenüber Doppelböden

Systeme mit Linienauflager sind beim Bau von Zuschauertribünen, Hörsälen und Kinosälen mit stufenweiser Abtreppung weit verbreitet.

Doppelbodensysteme

Unter Doppelböden versteht man industriell vorgefertigte Bodenplatten, die auf Stützenfüßen verlegt werden.

Doppelbodensysteme werden bei großer Installationsdichte im Bodenbereich mit hohen Anforderungen an die Revisionierbarkeit und Nachinstallation eingesetzt (z. B. EDV-Räume, Transformationsstationen, Büroflure, Computerzentralen). Jede frei auf den Stützen gelagerte Platte dient als Zugang in den Bodenhohlraum, wobei sich der Boden an jeder beliebigen Stelle öffnen lässt.

Im Bodenhohlraum können neben der Elektroinstallation auch Wasser-, Abwasser- und Druckluftleitungen, Rohrpost oder zentrale Staubsauganlagen untergebracht und auch klimatechnische Funktionen übernommen werden.

Technische Anforderungen, Prüfverfahren und Lastklassen von Doppelböden sind in DIN EN 12825 geregelt.
Üblicherweise können je nach Doppelbodensystem Aufbauhöhen bis zu 1250 mm und mehr erreicht werden. Bei der Festlegung der Rasterlage des Doppelbodens in einem Raum sind kleine, schmale Randplatten zu vermeiden. Parallel zur Wand laufende Rohrleitungen und Lüftungskanäle sollten in einem lichten Mindestabstand von 10 cm zu den Wänden verlegt werden, damit die Unterkonstruktion (Stützenfüße) im Randbereich aufgestellt werden kann.

Bodensysteme
Doppelböden

1 Trockenunterboden mit Fußbodenheizung und Trockenschüttung
2 Hohlraumbodensystem mit Fließestrich, GK/GF-Schalungselement und PVC-Schraubfüßen
   a Fließestrich
   b GK-/GF-Schalungselement
   c PVC-Schraubfüße ausgegossen mit Anhydritestrich
3 Hohlraumbodensystem in Trockenbauweise aus hochverdichteten Gipsfaserplatten und Metallstützenfüßen
   a Verklebung
   b hochdichte Gipsfaserplatte
   c Verzahnung, Verklebung
4, 5 Hohlraumboden aus hochverdichteten Gipsfaserplatten, Baustoffklasse A1
   Highlight Towers, München 2004, Helmut Jahn

T4: Checkliste für Systemeigenschaften von Doppelböden

Typ/Hersteller	Produktdaten
Systemeigenschaften	
Plattendicke	mm
Plattengewicht ohne Belag	kg
Plattenraster	mm
Mindestaufbauhöhe OKF	mm
Verstellmöglichkeit bis	mm
Material	
Plattenmaterial	
Kantenschutz	
Beschichtung Unterseite	
Beschichtung Oberseite	
mögliche Bodenbeläge	
Stützen	
Tragfähigkeit[1]	
Punktlast (bei 1/300)	kN
Punktlast (bei zweifacher Sicherheit)	kN
Bruchlast	kN
Brandschutz	
Baustoffklasse	
Feuerwiderstandsklasse	
Schallschutz	
Normtrittschallpegel $L_{n,w}$	dB
Trittschallschutzmaß TSM	dB
Schalllängsdämmung $R_{L,w}$	dB
Elektrostatik	
Erdableitwiderstand	Ω
Kosten	€/m²

[1] nach Prüfvorschrift RAL 62941

Tabelle T4 zeigt eine Checkliste für Systemeigenschaften, die sich beispielsweise für Ausschreibungen oder Konstruktionsvergleiche eignet. Hierbei sind die vom Hersteller angegebenen Systemeigenschaften zu beachten, können aber auch vom Planer als Mindestwerte vorgeschrieben werden.

Bestandteile von Doppelböden
Doppelböden setzen sich aus zwei Hauptbestandteilen zusammen:
- Doppelbodenträgerplatte, bestehend aus verschiedenen Werkstoffen und Oberbelägen sowie unterschiedlichen Rastermaßen
- Unterkonstruktion aus Stützen verschiedener Länge, Werkstoffe, Ausführung und Belastbarkeit

Trägerplatten
Das Standardrastermaß für Doppelbodenplatten beträgt 600 × 600 mm. Abweichend bieten einige Hersteller auch Plattenmaße mit 600 × 1200 mm an.
Für Doppelbodenplatten werden folgende Werkstoffe verwendet (s. Tabelle T5):
- Holzwerkstoffe (Flachpressplatten, Furnierplatten) mit und ohne Bekleidung
- Aluminium
- Stahl
- Stahl in Kombination mit mineralischen Füllungen (Anhydrit, Leichtbeton)
- faserverstärkte mineralische Baustoffe (Calciumsulfat, Gips, Zement, Beton)

Je nach Bodenkonstruktion, mechanischer Leistungsfähigkeit und Dichte der Trägerplatte sowie zusätzlichen Verstärkungsmaßnahmen (z. B. Aufleimen von Stahlblechen in der Zugzone/Plattenunterseite bei Holzwerkstoffplatten oder mineralischen Platten) lassen sich die Anforderungen für Büroräume, Rechnerzentralen und Räume mit höheren Lasten erfüllen. Mit zusätzlichen Aussteifungsmaßnahmen ist leichter Gabelstaplerbetrieb möglich. Holzwerkstoffplatten und mineralische Platten werden in der Regel mit Kunststoffumleimern versehen.

Als Holzwerkstoffplatten kommen vor allem hochverdichtete Spanplatten (Rohdichte = 680 bis 750 kg/m³) als Trägermaterial zum Einsatz. Diese werden in der Regel mit Aluminiumfeinblech- bzw. Folienbeschichtungen auf der Plattenunterseite als Feuchteschutz hergestellt. Die Platten lassen sich relativ leicht vor Ort an die Gebäudekonturen anpassen. Das Gewicht der Standardplatte von 600 × 600 mm liegt zwischen 11 und 15 kg. Lüftungseinlässe, Elektroanschlüsse usw. können problemlos integriert werden. Ein Nachteil von Holzwerkstoffplatten ist das feuchteabhängige Schwinden und Quellen sowie die Brennbarkeit des Plattenwerkstoffs.

Aluminiumplatten weisen eine vielfältig verrippte Konstruktion auf. Ihr Vorteil liegt in ihrem geringen Gewicht, den kleinen Maßtoleranzen und in ihrer Unempfindlichkeit gegenüber Feuchtigkeit. Aluminiumplatten sind jedoch teuer, beim Begehen laut und lassen sich schwierig an Gebäudekonturen anpassen. Durch die

T5: Übersicht über gängige Doppelbodenträgerplatten und ihre Eigenschaften

Platte	Festigkeit	Gewicht	Feuerwiderstand	Brennbarkeit	Schallschutz	Quellen/Schwinden	Gehkomfort
Holzwerkstoffplatte unterseitig mit Aluminiumfolie	o[1]	++[1]	–	o[2]	o	–	o[1]
Holzwerkstoffplatte unterseitig mit Stahlblech	+[1]	+[1]	+	+[2]	+	–	o[1]
faserverstärkte Calciumsulfatplatte	+[2]	o[1]	++	++	++	+[2]	++
Leichtbetonplatte	+[2]	o[1]	+[2]	++	++	+[2]	++
mineralisch verfüllte Stahlwanne	+[2]	o[1]	+[2]	++	++	+[2]	++
geschlossene, leere Metallkassette	–	++	–	++	–	o	o
mineralisch verfüllte, geschlossene Metallkassette	o	o	o	++	o	o	o
Aluminiumdruckgussplatte	+	+	–	++	o	o	o
Stahlprofilrahmenplatte	+[2]	o		++	o	o	o

++ sehr gut; + gut; o zufriedenstellend; – nicht geeignet/nicht befriedigende Eigenschaften
[1] Eigenschaft abhängig von der tatsächlichen Dichte der Trägerplatte
[2] Eigenschaft abhängig von komplexen Einflüssen aus der Zusammensetzung und Verarbeitung

Bodensysteme
Doppelböden

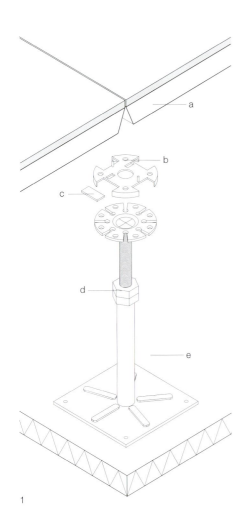

2

1

gute Wärmeleitfähigkeit des Materials erfolgt eine erhöhte Wärmeableitung in den Bodenhohlraum, was sich negativ auf die Behaglichkeit auswirkt. Obwohl Aluminium nicht brennbar ist, versagt es wegen seines niedrigen Schmelzpunkts (ca. 500 °C) im Brandfall sehr schnell, sodass die Feuerwiderstandsklasse F 30 von Bodensystemen mit Aluminiumträgerplatten nicht erreicht wird.

Stahlplatten gibt es in zwei verschiedenen Varianten, zum einen als Schweißkonstruktion mit aufgeheftetem Deckblech und zum anderen als ein nach statischen Gesichtspunkten geformtes, tiefgezogenes Unterteil (Wanne) mit einem aufgehefteten Deckblech. Reine Stahlplatten verhalten sich ähnlich wie Aluminiumplatten, sind jedoch schwerer, von höherer Festigkeit und müssen gegen Korrosion durch entsprechende Beschichtungen geschützt werden.

Doppelbodenplatten in Verbundkonstruktionen von Stahl und mineralischen Stoffen haben ein hohes Gewicht und eine weitgehend homogene Fläche zur Lastaufnahme. Ihre Anpassung an Gebäudekonturen ist nur mit hohem Aufwand möglich. Die Platten sind zwar nicht brennbar, erreichen aber keine Feuerwiderstandsdauern > F 30.

Mineralische, faserverstärkte Platten (hochverdichtete Gipsfaserplatten, faserverstärkte Calciumsulfatplatten) besitzen den Vorteil der Nichtbrennbarkeit und erzielen Feuerwiderstandsklassen bis F 60. Sie lassen sich relativ leicht vor Ort an die Gebäudekonturen anpassen, wobei das Gewicht einer Standardplatte von 600 × 600 mm zwischen 13 und 22 kg beträgt. Lüftungseinlässe, Elektroanschlüsse usw. können problemlos integriert werden, da Ausführungen mit Lochplatten existieren.

Unterkonstruktion
Die Doppelbodenplatten liegen an den vier Eckpunkten auf höhenverstellbaren, meist metallischen Stützen auf. Auf dem Stützenkopf befindet sich ein geräuschdämpfendes Kunststoffelement, das für die Positionierung der Plattenecken sorgt. Eine Stabilisierung der Stützenstäbe wird ab Höhen ≥ 700 mm, bei hohen Traglasten und Beanspruchungen in der Plattenebene erforderlich. Sie wird in der Regel über Auskreuzungen mit Rasterstäben oder mit gespannten Stahlseilen erreicht (Abb. 1).
Die Stützenfüße werden an der Rohdecke mittels mechanischer Verbindungsmittel fixiert oder verklebt. Als Stützenkleber eignen sich Einkomponenten-Polyurethankleber. Die Abbindezeit bis zur ersten Belastung beträgt ca. 20 Stunden, wobei die endgültige Aushärtung je nach klimatischen Randbedingungen ein bis zwei Wochen dauert.
Zur Lasterhöhung können zwischen den Stützenfüßen eingehängte Rasterstäbe als Linienauflager eingesetzt werden.

Beläge
Beläge werden in der Regel bei der Plattenerstellung direkt aufgebracht.
Als Hartbeläge gelten Stein, Keramik, Parkett und Schichtpressstoffplatten, auch HPL-Platten (High Pressure Laminate) genannt.
PVC, Kautschuk und Linoleum werden den elastischen Belägen zugeordnet. PVC-Beläge gibt es in normaler, antistatischer, elektrisch leitfähiger und nicht leitfähiger Ausführung. Kautschukbeläge sind in normaler oder hochleitfähiger Ausführung, Linoleum nur in normal leitfähiger Ausführung erhältlich.
Als textile Beläge werden Nadelfilze, Web- und Tuftingbeläge eingesetzt.

An die Beläge für Doppelböden werden Anforderungen hinsichtlich Verschleißwi-

Bodensysteme
Doppelböden

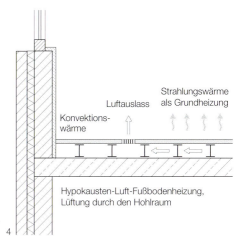

1 beispielhafter Aufbau eines Doppelbodenstützenfußes
   a Trägerplatte
   b Schalldämmauflage
   c Ausgleichsplättchen (Montagehilfe)
   d Gewindesicherung
   e Rohbodenverklebung
2, 3 Doppelboden als Stahlblechwanne mit Anhydritestrichfüllung. Integration der Kommunikations- und Haustechnik sowie einer Fußbodenheizung/-kühlung in der Eingangshalle, Bürogebäude der Fa. Bayer, Leverkusen 2002, Helmut Jahn
4 offene Heizungs- und Lüftungsführung im Doppelboden

derstand, Rollstuhleignung, Winkligkeit, Mustergenauigkeit, Schnittfestigkeit, Antistatik, Schälwiderstand, Lichtechtheit, Klebeverträglichkeit usw. gestellt.

Lüftungssysteme in Doppelböden
Die Zuluftführung im Hohlraum zu den Luftauslässen ist auf zwei Arten möglich:
- offene Lüftung: Luftführung über Doppelbodenhohlraum (Quelllüftung)
- geschlossene Lüftung: Luftführung über Rohrleitungen oder Klimakanäle

Die Lufteinspeisung in den darüber liegenden Raum erfolgt über gezielte Luftauslässe im Doppelboden. Die Wahl der geeigneten Lufteinführung wird durch die klimatischen Anforderungen der Nutzung und durch das Zuluftsystem bestimmt.

Lufteinführung über Loch- bzw. Lüftungsplatten
Infolge des Überdrucks im Bodenhohlraum strömt Zuluft durch die Öffnungen in den Bodenplatten mit regelbarer Geschwindigkeit in den Raum ein. Durch eine entsprechende Anordnung von gelochten oder geschlitzten Lüftungsplatten können klimatisierte Zonen und somit ein gleichmäßiger Luftaustausch erzielt werden. Neben lufttechnischen Gesichtspunkten sind auch statische Eigenschaften von Lüftungsplatten zu berücksichtigen. Lüftungsplatten können auch mit einem Drosselblech oder Mengenregulierungsschieber zum Abgleich der Luftzufuhr versehen werden. Bei der Raumbelüftung nach dem Prinzip der Quelllüftung erfolgt die Lufteinspeisung über die Lüftungsplatten durch einen ungelochten, luftdurchlässigen Teppich.

Lufteinführung über Bodenauslässe (Lüftungseinsätze)
Diese Zuluftauslässe können über flexible Rohre direkt mit dem Klimakanalnetz verbunden werden oder die Zuluft direkt über den Doppelbodenhohlraum erhalten. Durch die Verwendung von Lüftungseinsätzen wird eine Klimatisierung und Belüftung ohne Zugerscheinung ermöglicht. Optional enthalten die Lüftungseinsätze auch Schmutzfangkörbe und Drosselvorrichtungen zur Mengenregulierung.

Lufteinführung über Gitter
Sollen relativ große Luftmengen in einen Raum geleitet werden, erfolgt die Lufteinführung über Gitter. Diese müssen allerdings so im Raum angeordnet werden, dass keine Zugluft, z.B. am Arbeitsplatz, entsteht.

Luftheizung
Auch die Beheizung der Nutzungsräume kann über einen Hohlraum unter den Doppelbodenelementen geschehen. Dieses System ist mit dem System der Belüftung identisch. Zur Temperaturabsenkung werden die Lüftungseinsätze geschlossen, sodass die Luft lediglich im Hohlraum der Bodenkonstruktion zirkuliert und dort abkühlt (Abb. 4).

Systemzubehör von Doppelböden
Technotranten
Für nahezu alle Anforderungen können Einsätze mit Anschlüssen für Elektranten, zentrale Staubsaugsysteme, Feuerlöschdosen, Rauchmelder und Luftauslässe in den Doppelboden integriert werden.

Zwischenböden
Bei hoher Installationsdichte ist es notwendig, zusätzliche Installationsflächen zu schaffen. Dies ermöglichen Zwischenböden, bestehend aus Auflagerplatten an den Metallstützenfüßen, in die eine Stahlblechkassette eingehängt und verschraubt wird. Zusätzlich erhöht sich die horizontale Belastbarkeit. Je nach Anforderung können diese Zwischenböden begehbar oder nicht begehbar ausgeführt werden.

Aussteifungselemente
Zur Verbesserung der statischen Eigenschaften eines Doppelbodens können Rasterstabkonstruktionen oder Seilabspannungen eingesetzt werden. Zusätzlich ermöglichen Rasterstäbe eine erhöhte Fugendichtigkeit der Platten. Bei den Rasterstäben unterscheidet man zwischen tragenden oder nur aussteifenden Profilen, die eingehängt oder verschraubt werden. Die zusätzliche Aussteifung wird ab einer Höhe von 700 mm empfohlen.

Abschottungen
Im Doppelbodenbereich können je nach Anforderungen drei verschiedene Arten von Abschottungen erforderlich sein:
- Lüftungsabschottungen
- Brandschutzabschottungen
- Schallschutzabschottungen (Absorberschott)

Die Abschottungen bestehen aus ein- oder mehrschaligen Konstruktionen. Diese können, je nach Anforderungen, aus Mineralwolle, Gipsbau- oder Calciumsilikatplatten und Porenbetonelementen bestehen (S. 64, Abb. 1).

Dehnungsfugen
Der Doppelboden darf auf keinen Fall Dehnungsfugen aus dem Rohbau bzw. der Decke überdecken. Um eine horizontale Verschiebung von vertikaler Setzung konstruktiv und unauffällig aufzunehmen, werden im Bereich des Doppelbodens eingepasste oder aufgesetzte Bewegungsfugenprofile (Dehnfugenprofile) eingesetzt. Um den fehlenden horizontalen Kraftschluss herzustellen, müssen Abspannungen mithilfe von Metallseilen oder Rasterstäben erfolgen (S. 64, Abb. 2 und 6).

Kabelträger
Bei gerichteter Installationsführung und bei hohen Aufbauhöhen (h ≥ 700 mm)

Bodensysteme
Mechanische Anforderungen

1 Abschottung im Doppelboden
2 Bewegungsfugenprofil aufgesetzt
3 Randblende
4 Hohlraumboden mit Doppelboden-Installationsstraße
5 Beispiel für eine Fußbodenheizung, am Doppelboden abgehängt
  a Oberbelag
  b Anhydrit
  c Heizregister
  d Wärmeleitblech
  e Wärmedämmung
  f Auflageprofil
  g Stützenfuß
6 Bewegungsfugenprofil eingepasst
7 Randabschluss, Abspannung an der Randbekleidungsplatte oder den Randstützen erforderlich
8 Traversensystem für Elektro- und Versorgungsleitungen

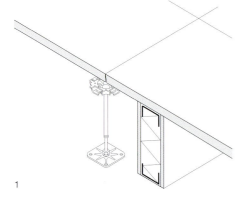

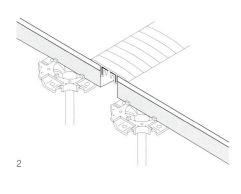

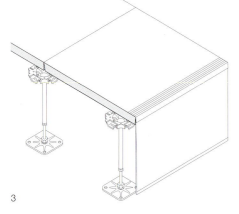

kommen Kabelträgerelemente zum Einsatz. Hierbei werden C-Profile mittels Klemmschellen in der gewünschten Höhe an den Stützenelementen befestigt. Die Aufnahme der Elektro- und Versorgungsleitungen geschieht in Kabelpritschen, die auf die C-Profile aufgelegt werden. Kabelträger bieten den zusätzlichen Vorteil, dass beim Auslösen der Sprinkleranlage die Versorgungsleitungen nicht im Wasser liegen (Abb. 8).

Fußbodenheizung
Bei wärmeleitfähigen Doppelbodenplatten (Gipsfaser-, Stahl- oder Betonplatten) können unterhalb der Platten gezielte Fußbodenheizungselemente verlegt werden. Diese bestehen aus Dämmstoffformelementen mit einem oberseitigen Aluminiumkontaktblech, in die mittels Klemmhalterungen die Heizungsrohre befestigt werden (Abb. 5).

Randblenden
An Treppen, Podesten usw. ist es erforderlich, die Abschlüsse durch Frontbekleidungen (Blende) zu bilden. Bei bestehenden Anforderungen, z. B. freie Abschlüsse, werden die Oberkanten der Blenden mit Treppenkantenprofilen abgedeckt. Zusätzlich wird durch die Winkelbefestigung unten und die Abspannung im oberen Bereich der Blende eine standfeste Konstruktion gewährleistet (Abb. 3 und 7).

Anschlussprofile
Der Übergang von Doppelböden zur Rohdecke und Estrichen sowie der Anschluss an Hohlraumböden wird mit Dichtungsprofilen oder Anschlusswinkeln ausgeführt.

Überbrückungsprofile
Aufgrund konstruktiver Begebenheiten sind in vielen Bereichen des Doppelbodens Überbrückungen für auszulassende Stützen notwendig.

Mechanische Anforderungen an Systemböden
Grundlage der Planung und Auswahl von Systemböden ist die Abschätzung der zu erwartenden Belastungen. Neben den flächigen statischen Beanspruchungen zählen Punktlasten, dynamische Lasten und Abrieb zu den Beanspruchungsarten von Systemböden.

Punktlast
Bei der Ermittlung der Punktlast wird eine lokale statische Belastung (z. B. eines Tischbeins oder Regalfußes) simuliert.

Flächenlast
Bei einer Flächenlast wird von einer statischen Belastung über die Fläche je m^2 ausgegangen. Die Anforderung nach einer Mindestflächenbelastbarkeit der Systembodenkonstruktion besteht in Abhängigkeit der Nutzungsart.

Dynamische Last
Die Ermittlung der dynamischen Last (z. B. infolge Gabelstaplerbetriebs) wird durch eine Vielzahl von Faktoren bestimmt. In der Regel wird zur ermittelten statischen Last (zulässiges Gesamtgewicht des Fahrzeugs) ein entsprechender Sicherheitsbeiwert bestimmt und mit der maximal zulässigen statischen Last multipliziert. Bei der Auswahl des Belags auf dem Doppelboden ist darauf zu achten, dass der Belag und die Verklebung für diese speziellen Anforderungen geeignet sind.

Tragfähigkeitsklassen
Systemböden werden je nach Einsatzbereich in Lastklassen 1 bis 6 nach DIN EN 13213 (Hohlraumböden) und DIN EN 12825 (Doppelböden) eingeteilt (s. Tabelle T5). Hauptkriterium zur Beurteilung der Tragfähigkeit einer Systembodenplatte ist die an der schwächsten Stelle gemessene Punktlast bei Prüfung mit einem Stahlstempel von 25 × 25 mm.

Bodensysteme
Thermische, hygrische und akustische Anforderungen

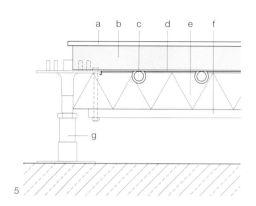

T5: Belastungsklassen von Systemböden nach DIN EN 13213 (Hohlraumböden) und DIN EN 12825 (Doppelböden)

Klasse[1]	Bruchlast N	Nennlast[2] N	Laststufe[3]	Einsatzbeispiele und Nutzungsarten
1	≥ 4000	2000	2	Büros mit geringer Frequentierung
2	≥ 6000	3000	3	Standard-Bürobereiche
3	≥ 8000	4000	4	Räume mit erhöhten statischen Belastungen, Hörsäle, Schulungs-/Vortragsräume, Behandlungsräume, Konstruktionsbüros
5	≥ 10000	5000	5	Industrieböden mit leichtem Betrieb, Lagerräume, Werkstätten mit leichter Nutzung, Bibliotheken
6	≥ 12000	≥ 6000	6[4] und höher	Böden mit Betrieb von Flurförderzeugen, Industrie- und Werkstattböden, Tresorräume

[1] Belastungsklassifizierung gemäß DIN EN 13213
[2] Die Nennlast ergibt sich aus der Bruchlast dividiert durch den Sicherheitsbeiwert $\nu = 2$.
[3] Belastungsklassifizierung gemäß der Anwendungsrichtlinie für Hohlböden
[4] Für Hohlböden mit im Einzelfall spezifizierten hohen Anforderungen können höhere Bruch-/Nennlasten erforderlich werden. Diese sind in Stufen zu je 2000/1000 N festzulegen.

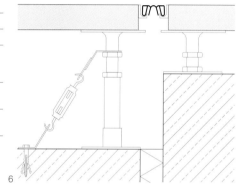

Für den Büro- und Verwaltungsbereich hat sich eine Nennpunktlast von 3000 N als ausreichend erwiesen, für Computerräume bis 5000 N. Hierbei wird ein Sicherheitsfaktor von 2 der Bruchlast zugrunde gelegt. Die genannten Lasten sind statische, d. h. ruhende Lasten bei 2 mm zulässiger Durchbiegung. Die maximale Last beträgt 6 kN, höhere Lasten sind mit Sondersystemen möglich. Bei beweglichen (rollenden) Lasten muss je nach Verfahren ein dynamischer Faktor bis zu 1,4 berücksichtigt werden.

Wird ein Systemboden durch Ausschnitte geschwächt ist diese Schwächung durch zusätzliche Rasterstäbe oder Stützen zu kompensieren.

Thermische und hygrische Anforderungen

Systemböden sind für den Gebrauch unter normalen Klimabedingungen ausgelegt. Darunter versteht man eine Temperatur von 15 bis 30 °C und eine relative Luftfeuchte im Bereich von 40 bis 60 %. Klimainstallationen im Hohlraumbereich müssen so ausgelegt werden, dass extreme Temperatur- und Feuchtigkeitsunterschiede im Doppelbodenhohlraum vermieden werden. In der Praxis auftretende Mängel sind meist auf ungeeignete klimatische Bedingungen während der Bauphase zurückzuführen.

Akustische Anforderungen

Von Systemböden werden schalldämmende Eigenschaften (Trittschall, Luftschall) bezüglich der Schallübertragung zwischen Geschossen und nebeneinander liegenden Räumen (Schalllängsleitung) gefordert (S. 66, Abb. 1).

Die vertikale Luftschalldämmung wird durch den Systemboden in Verbindung mit einer massiven Rohdecke und einer abgehängten Unterdecke erbracht. Dabei gewährleisten Plattenmaterialien mit hohem Flächengewicht sowie schwere Beläge aus Keramik oder Stein durch die Erhöhung der flächenbezogenen Masse eine Verbesserung der Luftschalldämmung.

Die vertikale Trittschalldämmung von Decken wird durch einen Systemboden verbessert. Das Maß der Verbesserung hängt hauptsächlich vom Trittschallver-

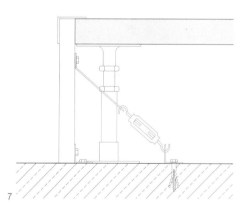

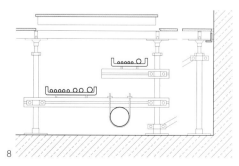

Bodensysteme
Brandschutzanforderungen

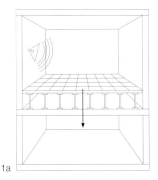
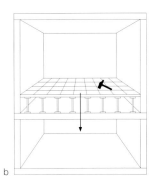
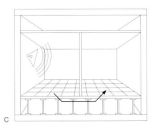
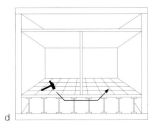

besserungsmaß ($\Delta L_{w,R}$) der Beläge, der Auflagerausbildung der Doppelbodenplatten auf den Stützenköpfen (z. B. über Kunststoffdämmplatten) und der Stützenfüße auf der Rohdecke (Verleimung über Dämmstreifen) ab (s. Tabelle T6 und T7).

Besondere Aufmerksamkeit verdient die horizontale Schalllängsleitung zwischen nebeneinander liegenden Räumen unter aufgesetzten Trennwänden. Für diese Übertragung ist die Längsschalldämmung des Systembodens maßgebend, wobei die Schalllängsübertragung über die aus einzelnen Platten aufgebauten Doppelböden geringer ist als über Hohlraumböden mit durchlaufender Bodenscheibe. Ähnlich wie bei den Unterdecken erfolgt die Schallübertragung hauptsächlich über den Hohlraum. Durch Absorberschotts, die in den Hohlraum bei Doppelböden unterhalb der Trennwände eingebracht werden, erreicht man eine Verbesserung der Luftschall- und Trittschalllängsdämmung (Abb. 4). Die Längsschalldämmmaße der Systemböden von 45 bis 50 dB (bis 58 dB mit Absorberschott) sind im Allgemeinen besser als die Schalldämmmaße der aufgesetzten Trennwände.

Für die horizontale Trittschalldämmung eignen sich schwere mineralische Doppelbodenplatten besser als Platten aus Holzwerkstoffen oder Metall, da bei der Schallübertragung von Platte zu Platte aufgrund des hohen Gewichts mehr Schallenergie vernichtet wird. Ein Bodenbelag mit einem höheren Trittschallverbesserungsmaß macht sich positiv bemerkbar. Der Trittschalleintrag in die Doppelbodenplatten wird durch einen solchen Belag von vornherein abgedämpft (s. Tabelle T6 und T8).

Anforderungen an den Brandschutz

Aus der hohen Installationsdichte in den Hohlräumen von Systemböden kann eine nicht unerhebliche Brandlast resultieren. Darüber hinaus verfügen Systemböden in der Regel über Öffnungen und Lüftungsaustritte. Aus diesen Gründen werden an Systemböden ggf. Anforderungen an den vorbeugenden Brandschutz gestellt.

Für Systemböden und deren Einbauten (z. B. Lüftungselemente oder Elektroanschlüsse) müssen die Feuerwiderstandsdauer sowie die Baustoffklasse der einzelnen Elemente durch Prüfungen nach-

1 vier Wege der Schallübertragung bei Systemböden
　a Luftschalldämmung
　b Trittschalldämmung
　c Luftschalllängsdämmung
　d Trittschalllängsdämmung

T6: erreichbare Luft- und Trittschalldämmung für Hohlraumböden bei vertikaler und horizontaler Schallübertragung

Konstruktion	Luftschalldämmung		Trittschalldämmung	
	Schallweg		Schallweg	
	horizontal $R_{L,w}$ [dB]	vertikal R_w [dB]	horizontal $L_{n,w}$ [dB]	vertikal ΔL_w [dB]
monolithischer Aufbau	42–55 49–55[1]	50–55[2]	83–50	10–28
mehrschichtiger Aufbau	42–57 50–57[1]	55–56[2]	69–62	10–28

[1] mit Schnittfugen
[2] mit 15 cm Rohdecke
Die angegebenen Werte sind Laborwerte und gelten ohne Bodenbelag.

Bodensysteme
Brandschutzanforderungen

gewiesen werden. Eine Beurteilung des Brandschutzverhaltens von Systemböden als Bauteil nach DIN 4102 ist nicht sinnvoll, da die Brandlasten im Hohlraum aus Gründen des geringen Raumvolumens in Verbindung mit den ungünstigen Ventilationsverhältnissen keine »Normbrandbelastung« ermöglichen.

Die Anforderungen an den baulichen Brandschutz von Doppelböden sind in der »Musterrichtlinie über brandschutztechnische Anforderungen an Hohlraumestriche und Doppelböden« niedergelegt. Die Musterrichtlinie unterscheidet dabei:
- lichter Hohlraum < 20 cm
- lichter Hohlraum > 20 cm

mit Besonderheiten bei
- lichter Hohlraum zwischen 20 und 40 cm

In der Musterrichtlinie werden Regelungen getroffen, die die Besonderheiten von Systemböden berücksichtigen und über den Stand der DIN 4102 hinausgehen. Mit Ausnahme von Fluren kann in Abhängigkeit der Aufbauhöhe des Doppelbodens auf den Nachweis des Raumabschlusses verzichtet werden. Das bedeutet, dass in Einzelfällen eine Temperaturerhöhung von 180 K über die Forderung der Norm hinaus als Mittelwert toleriert wird, wenn der Nachweis der Tragfähigkeit erbracht ist. Man spricht hierbei von einer Klassifizierung »F30*«. Die weiteren Regelungen hängen von der Höhe des Hohlraums ab.

Anforderungen bei Hohlräumen < 20 cm
Bei diesen Aufbauhöhen ist es zulässig, Wände mit Anforderungen an die Feuerwiderstandsdauer, z. B. Wände zu allgemein zugänglichen Fluren oder Wände zu anderen Nutzungseinheiten, auf den Systemboden zu stellen, wenn
- diese Wände zusammen mit dem betreffenden Fußbodenaufbau bezüglich der für die Wände erforderlichen Feuerwiderstandsklasse geprüft sind, oder
- die Fußbodenaufbauten bei Brandbeanspruchung von unten mindestens der Feuerwiderstandsklasse F30 nach DIN 4102 entsprechen, oder
- es sich um Wände allgemein zugänglicher Flure innerhalb einer Nutzungseinheit handelt.

Die oben genannten Voraussetzungen sind mit einer »oder«-Verknüpfung versehen, d. h., wenn eine dieser Voraussetzungen zutrifft, kann auf ein Durchführen der Wände bis zur Rohdecke verzichtet werden. Bei Aufbauhöhen < 20 cm ist eine Abschottung im Hohlraum unterhalb der Trennwand, die die obigen Voraussetzungen erfüllt und auf den Systemboden gestellt wird, nicht erforderlich.

2 Bauzustand – Stahlunterkonstruktion, Plenarsaal Bayerischer Landtag, München 2005, Staab Architekten
3 Hohlraumboden, Sitzreihen und Rückenlehnen aus hochverdichteten Gipsfaserplatten, Tribüne Plenarsaal Bayerischer Landtag, München 2005, Staab Architekten
4 Schallschutzabschottung im Hohlraum (Absorberschott)
  a Ständerwand (leichte Trennwand)
  b Trägerplatte
  c Stütze

T7: exemplarische Luft- und Trittschalldämmung für Doppelböden mit Nadelvliesbelag bei vertikaler Schallübertragung

bewertetes Schalldämmmaß	$R'_{w,P}$	Rohdecke allein	48 dB
		mit Doppelboden	53 dB
bewerteter Normtrittschallpegel	$L'_{n,w,P}$	Rohdecke allein	81 dB
		mit Doppelboden	61 dB
Trittschallverbesserungsmaß	$\Delta L_{w,P}$		20 dB

T8: exemplarische Luft- und Trittschalllängsdämmung für Doppelböden mit Nadelvliesbelag bei horizontaler Schallübertragung

			Bauhöhe	
			200 mm	500 mm
bewertetes Schalllängsdämmmaß	$R'_{w,P}$	ohne Absorberschott	43 dB	46 dB
		mit Absorberschott	54 dB	58 dB
bewerteter Normtrittschallpegel bei horizontaler Übertragung	$L'_{n,w,P}$	ohne Absorberschott	62 dB	56 dB
		mit Absorberschott	53 dB	44 dB

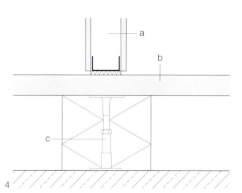

Bodensysteme
Elektrostatische Anforderungen

Von Systemböden wird bei einer Aufbauhöhe < 20 cm verlangt, dass die Baustoffklasse der Platten und der Unterkonstruktion mindestens B2 nach DIN 4102 entsprechen muss. Falls die Hohlräume auch zur Raumlüftung benutzt werden, muss sichergestellt sein, dass mithilfe von im Hohlraum oder im Bereich des Luftaustritts angeordneten Rauchmeldern die Lüftungsanlage im Brandfall sofort abgeschaltet wird. Je 70 m² Grundfläche des durchgehenden Bodens ist mindestens ein Rauchmelder anzubringen.

An allgemein zugängliche Flure werden darüber hinaus folgende Forderungen gestellt:
- Der Systemboden muss generell der Baustoffklasse A nach DIN 4102-2 entsprechen.
- Luftauslässe sind nicht zulässig.
- Revisions- und Nachbelegungsöffnungen sind nur dann zulässig, wenn sie mit dicht schließenden Verschlüssen aus nicht brennbaren Baustoffen versehen sind.

Die Aussagen über Luftauslässe, Revisions- und Nachbelegungsöffnungen gelten auch für Treppenräume.

Treppenraumwände und Brandwände sind generell bis zur Rohdecke zu führen. Das bedeutet, dass sie nicht auf dem Systemboden aufgestellt werden können.

Anforderungen bei Hohlräumen > 20 cm
Leitungen im Hohlraumbereich des Systembodens dürfen durch aufgeständerte Wände hindurchgeführt werden, wenn eine Übertragung von Feuer und Rauch nicht zu befürchten ist bzw. entsprechende Vorkehrungen getroffen wurden (z.B. Abschottungen nach DIN 4102 Teil 9 bzw. Teil 11 entsprechend der Feuerwiderstandsklasse der Wand). Bei Wänden allgemein zugänglicher Flure innerhalb einer Nutzungseinheit sind solche Vorkehrungen nicht notwendig.

Des Weiteren dürfen Wände bei einem Hohlraum > 20 cm nur dann auf den Systemboden gestellt werden, wenn diese zusammen mit der Tragkonstruktion auf die für die Wand erforderliche Feuerwiderstandsfähigkeit geprüft wurden. Eine entsprechende Abschottung im Hohlraumbereich unter diesen Wänden ist notwendig, sofern es sich nicht um Wände allgemein zugänglicher Flure innerhalb einer Nutzungseinheit handelt.

Bei Aufbauhöhen von 20 bis 40 cm Hohlraum muss ein Systemboden entweder die B1-Anforderungen nach DIN 4102 oder aber mindestens die F30-Forderungen nach DIN 4102 hinsichtlich der Tragfähigkeit erfüllen. Der Nachweis des Raumabschlusses, d.h. die Einhaltung der Temperaturgrenzen, ist bei dieser Aufbauhöhe nicht erforderlich (F30*). Falls der Systemboden über keinen F30-Nachweis verfügt, aber den B1-Anforderungen entspricht, müssen die Ständer der Unterkonstruktion aus nicht brennbaren Baustoffen mit einer Schmelztemperatur von ≥ 700 °C bestehen.

Beträgt die Aufbauhöhe mehr als 40 cm, muss auch der Boden der F30-Anforderung zumindest hinsichtlich der Tragfähigkeit genügen. Ein B1-Nachweis reicht damit nicht mehr aus. Für den Systemboden in allgemein zugänglichen Fluren ist hier im Übrigen gefordert, dass dieser den F30–AB-Nachweis erfüllt.
Wird auch hier der Boden unmittelbar zur Raumlüftung genutzt, gelten dieselben Anforderungen wie bei den Hohlraumhöhen ≤ 20 cm.

Elektrostatische Anforderungen
Beim Begehen von Doppelböden können elektrostatische Ladungen entstehen.

Diese müssen schnell und gefahrlos zur Erde abgeleitet werden, um negative Folgen der statischen Elektrizität wie Fehlfunktionen oder Zerstörung elektronischer Bauteile oder die Entzündung brennbarer Stoffe durch Funkenüberschlag zu vermeiden.

Relevante Messgröße ist hierbei der Erdableitwiderstand R_E, der zwischen Belagsoberfläche und Erdpotenzial in Ohm (Ω) gemessen wird. Der Erdableitwiderstand kann niemals niedriger sein als der höchste Widerstand eines Einzelelements in der Ableitrichtung: Bodenbelag – Klebstoff – Systembodenplatten – Schalldämmauflageplättchen – Stützen. Bei einem Erdableitwiderstand von 10^{10} Ω können Personenaufladungen in ca. 1 Sekunde abklingen. Unter 10^8 Ω ist ein Belag ausreichend leitfähig, um Zündgefahren bei entzündbaren Stäuben und Gasen durch elektrostatische Aufladungen während des Begehens zu verhindern. Unter 10^6 Ω ist ein Belag auch für Lagerungs- und Produktionsräume von Explosivstoffen geeignet.

1 abgetreppter Hohlraumboden aus hochverdichteten Gipsfaserplatten, Plenarsaal Bayerischer Landtag, München 2005, Staab Architekten

Brandschutzbekleidungen

Brandschutzbekleidungen im Trockenbau finden hauptsächlich Anwendung bei:
- tragenden und aussteifenden Konstruktionen (z. B. Stützen und Träger)
- Kabel- und Installationskanälen
- Lüftungsleitungen
- Rohrleitungen

Träger- und Stützenbekleidungen
Um im Brandfall Fluchtwege möglichst lange zu sichern, sind vorbeugende Feuerschutzmaßnahmen an Stützen und Trägern aus Stahl und ggf. aus Holz notwendig. Stahl verliert bei einer Temperatur ab ca. 500 °C seine Tragfähigkeit (kritische Stahltemperatur). In Abhängigkeit von der Brandbeanspruchung, den Bauteilabmessungen, der baulichen Ausbildung, vom statischen System und dem Ausnutzungsgrad behalten unbekleidete Stahlbauteile ihre Tragfähigkeit nur durchschnittlich 8 bis 15 Minuten. Deshalb sind zum Erreichen der erforderlichen Feuerwiderstandsklasse F30 bis F180 geeignete Maßnahmen zu treffen, die die Tragfähigkeit des Stahls für die geforderte Feuerwiderstandsdauer sicherstellen. Neben dem Beschichten mit Putzen oder Dämmschichtbildnern erfolgt eine Bekleidung der Stahlbauteile in Trockenbauweise mit Brandschutzplatten.

Stahlbauteile benötigen in der Regel auch dann eine schützende Bekleidung, wenn sie durch eine Unterdecke oder durch das Einbinden in eine Wand gegen Brandeinwirkung bereits teilweise abgeschirmt sind.

Zur Bestimmung der erforderlichen Brandschutzbekleidung gibt es folgende Anforderungskriterien:
- Art des zu bekleidenden Bauteils
- erforderliche Feuerwiderstandsdauer
- Brandbeanspruchung des Bauteils (ein-, zwei-, drei- oder vierseitig, Abb. 1 a–d)
- Plattentyp der Bekleidung, Bekleidungsdicke
- Holz: Holzart, Querschnitt, Querschnittsverhältnis
- Stahlprofile: Ermittlung des Profilfaktors (U/A-Verhältnis)
- Brandschutznachweis (DIN 4102-4 oder Prüfzeugnis)

DIN 4102-4 enthält Übersichten für bekleidete Stützen und Träger mit Gipskarton-Feuerschutzplatten (GKF).
Daneben gibt es eine Vielzahl geprüfter Brandschutzbekleidungen, die gegenüber den Normkonstruktionen wirtschaftlicher oder brandschutztechnisch leistungsfähiger sind. Als Brandschutzbekleidungen sind folgende Plattentypen verbreitet:
- Spezialgipsplatten
- zementgebundene Feuerschutzplatten
- Calciumsilikatplatten
- Mineralfaserplatten

Aufgrund ihrer mechanischen Festigkeit können einige dieser Platten durch mechanische Befestigungsmittel (Schrauben oder Klammern) in den Stirnkanten verbunden werden und kommen ohne Unterkonstruktion aus.

Gedrungene Stahlprofile mit massiven Querschnitten verhalten sich brandschutztechnisch besser und benötigen weniger dicke Bekleidungen als schlanke, dünnwandige Profile. Aus dieser physikalischen Gesetzmäßigkeit entwickelte sich ein Bemessungsverfahren, welches den Umfang (U) der Ummantelung (bei Plattenbekleidung kastenförmig) zur Querschnittsfläche (A) des Profils ins Verhältnis setzt.

1 kastenförmige Bekleidung bei:
 a einseitiger Brandbeanspruchung
 b zweiseitiger Brandbeanspruchung
 c dreiseitiger Brandbeanspruchung
 d vierseitiger Brandbeanspruchung

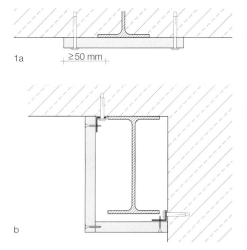
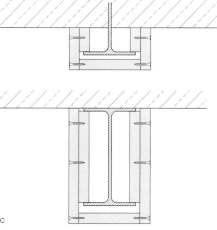
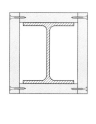
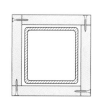

Brandschutzbekleidungen

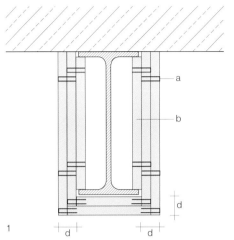
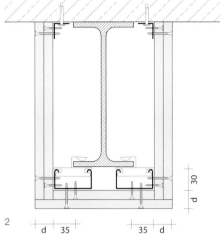

Für die klassifizierten Stahlbauteile ist die erforderliche Bekleidungsdicke in Abhängigkeit des U/A-Verhältnisses aus den jeweiligen Tabellen der Plattenhersteller zu entnehmen.
Bei allen klassifizierten Stahlbauteilen ist der U/A-Wert mit ≤ 300 m^{-1} begrenzt. Sofern Stahlbauteile mit U/A-Werten > 300 m^{-1} zu beurteilen sind, werden zur Klassifizierung Prüfungen nach DIN 4102-2 notwendig.
Werden tragende oder nicht tragende Stahlbauteile, bei denen ein bestimmter Feuerwiderstand gefordert ist, an Stahlbauteile angeschlossen, die keiner Feuerwiderstandsklasse angehören müssen, so sind sowohl die Anschlüsse als auch die angrenzenden Stahlteile zu bekleiden – und zwar bei den Feuerwiderstandsklassen F30 bis F90 auf einer Länge von mindestens 30 cm, bei F120 bis F180 auf einer Länge von mindestens 60 cm (in Abhängigkeit vom U/A-Wert der anzuschließenden Stahlbauteile).

Trägerbekleidungen
Eine dreiseitige Beanspruchung eines Biegeträgers liegt vor, wenn beispielsweise die Oberseite des Trägers durch die Betonrohdecke gegen eine Brandbeanspruchung geschützt ist. Bei einer dreiseitigen Ummantelung von Deckenträgern oder Unterzügen muss die Bekleidung dicht an die Deckenplatte herangeführt werden (Abb. 1 und 2).

Die nach DIN 4102-4 klassifizierten Bekleidungen aus Gipskartonplatten (GKF) und durch Prüfverfahren den GKF-Platten brandschutztechnisch gleichgestellten Gipsfaserplatten müssen hinsichtlich der Konstruktionsausbildung folgende Bedingungen erfüllen:
• Für die Befestigung der Bekleidung auf der Unterkonstruktion beträgt die zulässige Spannweite (d.h. Abstände der Unterkonstruktion) ≤ 400 mm.
• Fugen einlagiger Bekleidungen sind mit Gipskarton- oder Gipsfaserplattenstreifen zu hinterfüttern.
• Bei mehrlagiger Beplankung muss jede Beplankungslage einzeln befestigt sowie verspachtelt, die Fugen um mindestens 400 mm versetzt und ebenso einzeln verspachtelt werden.

Stützenbekleidungen
Die Stützenbekleidungen müssen allseitig von der Oberkante des Fußbodens, bei Fußböden der Baustoffklasse B von der Oberkante der Rohdecke, auf ganzer Stützenlänge bis zur Unterkante der Rohdecke angeordnet werden. Hinsichtlich der Konstruktionsausbildung gelten die für Trägerbekleidungen oben angegebenen Bedingungen (Abb.1).
Alternativ zur Anordnung auf einer Unterkonstruktion dürfen die Gipsbauplatten auch unmittelbar an den Stützen angesetzt werden. In derartigen Fällen ist jede Bekleidungslage durch Stahlbänder oder Rödeldrähte im Abstand ≤ 400 mm zu halten.

Lüftungs-, Kabel- und Installationskanäle
Brandlasten, z. B. durch Isolierschichten von Kabeln und Rohren, sind in Rettungswegen, in allgemein zugänglichen Fluren und Treppenräumen einschließlich deren Ausgängen ins Freie nicht erlaubt. Somit wird eine Kapselung dieser Brandlasten durch Trockenbaukonstruktionen erforderlich, um die Rauchfreihaltung innerhalb der Rettungswege zu gewährleisten. Brandlasten können gekapselt werden durch:
• brandschutztechnisch bemessene Unterdecken (s. S. 40)
• Systemböden (s. S. 56)
• Installationsschächte und -kanäle

Lüftungs-, Kabel- und Installationskanäle lassen sich in ihrer Grundkonstruktion vergleichen. Rettungswege, Flure und anliegende Räume werden durch die Kapselung der Brandlasten im Rahmen der Feuerwiderstandsdauer vor Feuer geschützt. Die Bekleidungen bestehen entsprechend der geforderten Feuerwiderstandsklasse aus unterschiedlich dicken, ein- oder mehrlagigen Platten. Der Nachweis wird durch Prüfung geführt.

I-Kabelkanäle verhindern, etwa bei einem Kabelbrand, die Brandübertragung von innen nach außen und schützen Flucht- und Rettungswege vor den Auswirkungen eines Kabelbrands. Das Feuer bleibt im Kanal eingeschlossen, der Brand kann nicht auf den Deckenhohlraum übergreifen. Installationskanäle werden nach DIN 4102-11 geprüft und erhalten eine I-Klassifizierung (I = intern, klassifiziert von I30 bis I120). Die maximal geprüften Innenabmessungen von I-Kanälen betragen für die Breite b ≤ 1000 mm bzw. für die Höhe h ≤ 500 mm (Abb. 4 und 5).

E-Kabelkanäle sichern bei einem von außen einwirkenden Brand den Funktionserhalt der im Inneren des Kabelkanals verlegten Leitungen und schützen diese vor den Auswirkungen eines Umgebungsbrands. Sicherheitsrelevante gebäudetechnische Anlagen, wie beispielsweise Brandmeldeanlagen, Sicherheitsbeleuchtung, Sprinkleranlagen, Notstrom-/Notbeleuchtungsanlagen, Rauch- und Wärmeabzugseinrichtungen, müssen im Brandfall ihre Funktionsfähigkeit über die geforderte Feuerwiderstandsdauer behalten. Diese Kabelkanäle werden nach DIN 4102-12 geprüft und erhalten die Klassifikation E (E = extern, klassifiziert von E30 bis E90). Hierbei wird die Zeitdauer bis zum Funktionsverlust elektrischer Kabelanlagen auf Basis eines Kurzschlusses bzw. eines Leiterbruchs nachgewiesen. Als maximal geprüfte Abmessungen für E-Kanäle sind b ≤ 600 mm und h ≤ 250 mm zulässig (Abb. 6).

Brandschutzbekleidungen

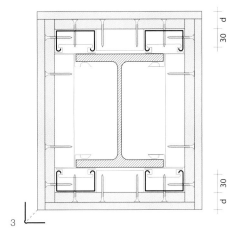

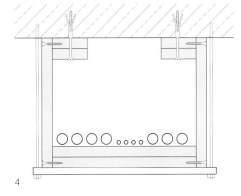

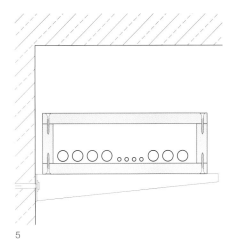

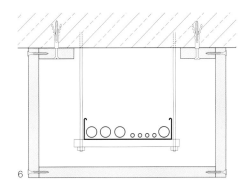

L-Kanäle (selbstständige Lüftungsleitungen) mit Feuerwiderstandsklassifizierungen von L30 bis L120 müssen über die Feuerwiderstandsdauer die Be- oder Entlüftung sicherstellen. An Lüftungsleitungen werden Anforderungen bezüglich der Dichtigkeit und Temperaturbeständigkeit gestellt. Sie werden nach DIN 4102-6 geprüft.

Die wirtschaftlichsten Systeme bestehen lediglich aus einem Plattenkanal, bei dem die Plattenmaterialien ohne Unterkonstruktion miteinander befestigt werden. Als Verbindungsmittel der Platten untereinander können in Abhängigkeit vom Plattenmaterial Schnellbauschrauben oder Stahlklammern verwendet werden. Eine nachträgliche Verspachtelung ist brandschutztechnisch meist nicht erforderlich.

Man unterscheidet zwischen zwei-, drei- und vierseitigen Kanälen. Während bei zwei- oder dreiseitigen Kanälen Wand und Decke Teile des Kanals sind, muss ein vierseitiger Kanal entweder auf Wand- bzw. Deckenauslegern (Konsolen), an Hängestielen oder auf Tragprofilen, die mittels Gewindestangen an der Rohdecke abgehängt sind, aufgelegt werden.

Bei dieser Abhängung sind besondere Randbedingungen zu beachten. Die verwendeten Dübel müssen über eine allgemeine bauaufsichtliche Zulassung verfügen, im Allgemeinen handelt es sich um Stahlspreizdübel ≥ M 8. Der Einbau muss doppelt so tief erfolgen, wie in der Zulassung angegeben ist, mindestens jedoch 6 cm. Für den Spannungsnachweis der Gewindestäbe ist für den Brandfall eine reduzierte zulässige Stahlspannung von 6 N/mm² anzusetzen.

Zur fachgerechten Planung sind nicht nur die Maße des Kabelkanals festzulegen, sondern es muss auch die Belegungsdichte der Installation in kg/m bekannt sein. Das Gewicht möglicher Nachinstallationen sollte bei der Planung bereits berücksichtigt werden. Der Einsatz von Kabelpritschen hängt von der Kabelbelegung ab. Ist die Kabelpritsche Teil der Prüfung, muss sie in jedem Fall eingesetzt werden.

Revisionsöffnungen werden meist als lose aufgelegte Deckel ausgebildet, um nachträgliche Änderungen, Nachrüstungen und Reparaturen im Kanal schnell und einfach zu realisieren. Die Plattenanzahl bzw. -dicken ergeben sich aus den Querschnittsabmessungen und der erforderlichen Feuerwiderstandsdauer. Seitliche Revisionsöffnungsverschlüsse sind mit mechanischen Verbindungsmitteln (z. B. Schrauben) zu sichern.

Sobald Wände mit Brandschutzanforderungen Kabelkanäle beinhalten sollen, unterscheiden sich die Ausführungen von I- und E-Kanälen entsprechend ihrer Funktion. E-Kanäle werden ohne Unterbrechung durch die Wände hindurchgeführt, während bei I-Kanälen eine Sollbruchstelle in der Wand eingeplant werden muss. Die Auflagerstreifen dürfen somit nicht über die Sollbruchstelle des Kanalstoßes verlaufen.

1 Trägerbekleidung ohne Unterkonstruktion mit Spezialbrandschutzplatten, Verklammerung der Platten
2 Trägerbekleidung mit Metallunterkonstruktion, d = Bekleidungsdicke
3 zweilagige Stützenbekleidung mit Unterkonstruktion, d = Bekleidungsdicke
4 Beispiel für I-Kanal: dreiseitiger Kanal
5 I-Kanal auf Wandtraverse
6 Beispiel für E-Kanal: dreiseitiger Kanal

Gestaltung und Oberflächen

Der Trockenbau als eine Form das leichte und trockene Bauen zu verbinden, ist nicht neu, wohl aber sein Einfluss auf alle Bereiche des Bauens: Hochleistungsfähige Verbundwerkstoffe, leitfähige Gipsplatten, in Trockenbausysteme integrierte Flächenheiz- und Kühlsysteme, hochschalldämmende Decken-, Wand- und Bodensysteme, mit Holz, Glas, Edelstahl und Aluminium beschichtete Plattenwerkstoffe sind wenige Beispiele einer Entwicklung, deren technisches und gestalterisches Innovationspotenzial beinahe grenzenlos scheint.

Selbst banal erscheinende Gipskarton- und Gipsfaserplatten sind funktionsoptimierte Verbundbaustoffe, die einer kontinuierlichen Weiterentwicklung unterliegen. Die Plattenwerkstoffe werden durch Gefügeveränderung und Additive für nahezu alle Anforderungen verbessert: Biegeweichheit für die Schalldämmung, Oberflächenstruktur für die Schallabsorption, Rohdichte und Porenanteile für die Wärmeleitfähigkeit, gebundene Kristallwasseranteile und Gefügezusammenhalt für den Brandschutz, Kartonfestigkeiten und Faserverbund für die Tragfähigkeit, Additive für den Feuchteschutz oder zur Erhöhung der Wärmespeicherfähigkeit, weniger Masse zur Einsparung von Ressourcen und nicht zuletzt Elastizität und Biegsamkeit zur freien Formgebung.

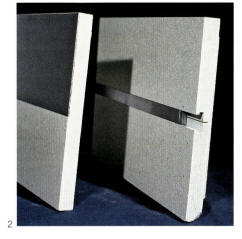

1 freie Formbarkeit von Gipsfasermaterialien
2 freie Oberflächenwahl und Fugenausbildung bei Gipsfaserplatten
3 Leitfähige Oberflächen auf Gipsplatten ermöglichen kabellose Lichtquellen.

Oberfläche und Gestaltung

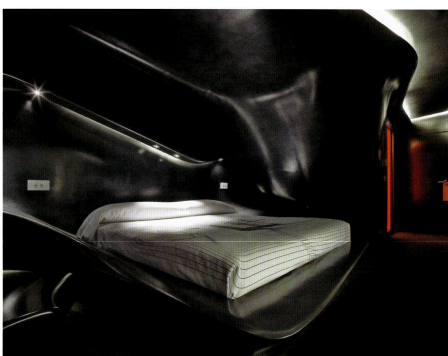

Oberfläche und Gestaltung
Von ebenen Flächen zu freien Formen

1, 2 Formenfreiheit durch das Spiel verschiedener Materialien, Hotel Puerta America, Madrid 2005, Zaha Hadid
3 Edelstahl und Glas, Hotel Puerta America, Madrid 2005, Plasma Studio

Es ist wichtig, das für den jeweiligen Einsatzort gewählte Material in seinen Eigenschaften zu verstehen. Die mechanischen Eigenschaften der raumbildenden Plattenwerkstoffe sind wiederum nur eine Variable in der Gleichung der Gestaltungsmöglichkeiten von Trockenbausystemen. Die Verwendung der unterschiedlichsten Materialien und der ihrer Bestimmung entsprechende Einsatz sind bezeichnend für den Trockenbau. Es wird erkennbar, in welcher Vielfalt gedacht und geplant werden kann, wie sich neben Form und Oberfläche die Funktionseffizienz dieser Systeme anpassen lässt.

Wenn sich die Begründung dieser Bauweise nicht zugleich aus einem sinnvollen, wirtschaftlichen und gestalterisch vielfältigen System herleiten würde, wäre die Produktion von über 1,5 Milliarden Quadratmeter Gipsplatten nicht erklärbar. Doch zu oft wird die Trockenbauweise als eine reine Zweckbauweise verstanden. Der objektive Mangel darüber, wie die spezifischen Materialien und deren Eigenschaften eingesetzt werden können, ist möglicherweise ein Indiz für die noch unzureichende kreative Auseinandersetzung mit dieser Bauweise. Der kongeniale Umgang damit würde zu einem unerschöpflichen Repertoire an Gestaltung und Funktionalität führen.

Von ebenen Flächen zu freien Formen
Das Zusammenspiel von Formgebung und Licht, wie beispielsweise runde, fließende Formen (Bögen, Tonnen oder Kuppeln) und die indirekte Beleuchtung bestimmen heute vielfach die Architektur von Innenräumen. Im Hinblick auf die geforderte Wirtschaftlichkeit stehen hinter den komplexen Ausbaustrukturen überwiegend Konstruktionen und Systeme des modernen Trockenbaus. Sie bilden mit höchster Präzision gestalterisch vorgegebene Konturen ab, wobei die Tragwerksbelastung auf ein Minimum reduziert wird. Weiterhin erfüllen sie die Anforderungen an Brand-, Schall- und Wärmeschutz, Lichtlenkung und Raumakustik in den Innenräumen und dienen weiterhin zur Integration von Systemen der Haus- und Gebäudetechnik.

Viele architektonisch anspruchsvolle öffentliche Gebäude, Gewerbe- und Wohnbauten aus den vergangenen Jahren machen deutlich, dass diese Entwicklung keinesfalls die Gefahr eines Rückfalls in eine überladene Innenraumarchitektur birgt.

Frank O. Gehry's Guggenheim Museum in Bilbao ist ein hochwertiges Beispiel wie Trockenbauweisen den Ausdruck von Gestalt und die Schaffung von Körper und Raum unterstützen. Die Materialien und die raumbildenden Konstruktionen sind dabei ebenso kühn wie die äußere Form des Gebäudes. Seine voll- und hohlplastische Architektur sowie der Anspruch an die Leichtigkeit der Form lässt sich nicht annähernd in einer monolithischen Bauweise, beispielsweise in Beton, glaubwürdig umsetzen und realisieren (S. 76, Abb. 2).

Der Einsatz neuer Werkstoffe ist derzeit so beliebt, weil es in der Formensprache keine Grenzen mehr gibt. Das Hotel Puerta America in Madrid ist ein weiteres Beispiel, was mit dem zielgerichteten Einsatz heutiger Materialien möglich ist (Abb. 1 und 2).

Gestalten und Konstruieren bedeutet auch die Platzierung der geeigneten Werkstoffe an entsprechender Stelle, was die Kombination unterschiedlicher Baustoffe bzw. Bauteilelemente angeht. Die richtige Material- und Oberflächenwahl beeinflusst das Ambiente und die Wertigkeit von Räumen erheblich (S. 76, Abb. 1).

Oberfläche und Gestaltung
Von ebenen Flächen zu freien Formen

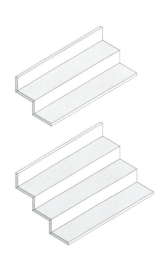

Diese Entwicklung hat im Trockenbau zu Bausystemen geführt, bei denen aus funktionstechnischen Gründen eine Addition von Baustoffschichten mit oftmals unterschiedlichen mechanischen und bauphysikalischen Kennwerten notwendig ist.

Diese Trockenbausysteme folgen den Axiomen des Systemleichtbaus (s. S. 9). Hierunter versteht man das Prinzip, synergetische Effekte durch die Schichtung von Materialien zu einem System zu erzielen. So führt die Kombination von dünnen, nur gering tragfähigen Stahlblechprofilen mit biegeweichen Plattenwerkstoffen zu einer leichten und sehr tragfähigen Wandkonstruktion.

Vom Automobil bis hin zu Hochgeschwindigkeitszügen, Schiffsrümpfen und Flugzeugen wird das gleiche Konstruktionsprinzip angewendet. Dabei geht es nicht mehr um das Zusammenfügen einzelner konstruktiver Tragrippen, sondern um das komplexe Verhalten von gewichtsminimierten und funktionsoptimierten Systemkonstruktionen (S. 73, Abb. 1–3).

Für die Gestaltung von Räumen steht heute eine nahezu unbegrenzte Auswahl zur Verfügung: Zylinder, Kegel, Ellipsen, Kuppeln, Rotunden, Tonnen, Wellen, Schalen etc. Freie Formen lassen sich mit Trockenbausystemen formstabil, präzise, schnell und kostensicher herstellen, die Komplexität des Entwurfs wird nur durch eigene Grenzen bestimmt.

Formteile und Designprodukte bieten wirtschaftliche Gestaltungsmöglichkeiten. Der Biegeradius von runden Schalen hängt von der Dicke und der Art der verwendeten Plattenwerkstoffe ab. Spezielle, für Biegeformen modifizierte Plattenwerkstoffe ermöglichen Radien bis zu 30 cm. Geringere Radienformen werden durch Fräsen, Gießen und Tiefziehen erreicht.

Oberfläche und Gestaltung
Von ebenen Flächen zu freien Formen

Die Plattenlänge ist auch die maximale Abwicklungslänge der addierbaren Formplatten und liegt in der Regel bei drei Metern. Die Stoßflächen können als Gestaltungselement dienen oder fugenlos verspachtelt werden. Ein flächiges Verschleifen ist dabei erforderlich. Für den Fall, dass konstruktive oder bauphysikalische Anforderungen an mehraxial gekrümmte Raumflächen gestellt werden, lassen sich mehrere Plattenlagen zu stabilen gekrümmten Formen verkleben (S. 77, Abb. 5 a, b und S. 78, Abb. 3 a–c).

Scharfkantig gefaltete Plattenwerkstoffe werden durch V-Fräsungen hergestellt. Die Produkte werden entweder flach angeliefert und auf der Baustelle nur noch gefaltet und verklebt oder bereits werkseitig verklebt zur Baustelle gebracht.

Sphärisch frei gekrümmte Deckensegel und Tonnenschalen lassen sich einschließlich Unterkonstruktion werkseitig vorfertigen. Die auf modularer Basis beruhende individuelle Fertigung ermöglicht die freie Auswahl von Durchmesser und Stichhöhe. Dies erleichtert die gestalterisch konstruktive Abstimmung mit den individuellen Einbaubedingungen auf der Baustelle. In die Wand- und Deckenkonstruktion lassen sich neben den gebäudetechnischen Komponenten wie Flächenheiz- und Kühlsysteme, Lüftung, Sprinklerung und Brandmeldeanlagen auch individuelle Beleuchtungskonzepte eingliedern. Additiv und integrativ besteht die Möglichkeit, die Oberfläche zur Schallabsorption zu modifizieren. Dies kann direkt im Plattenwerkstoff z. B. durch Prägung, Lochung und Stanzung erfolgen oder additiv durch entsprechende schallabsorbierende Oberflächenbeschichtungen erreicht werden.

»Schallhart« gekrümmte Flächen dienen zur gezielten Streuung oder Bündelung

1 Prinzipien der Falttechnik am Beispiel von vorgefertigten Winkelelementen, U-Schalen und Abtreppungen
2 Eingangshalle, Guggenheim Museum, Bilbao 1997, Frank Gehry
3 Falttechnik zusammengesetzter Winkel und radialer Formelemente
4a, b Faltungen mit Sonderprofilen
5a, b Falttechnik im Bereich von spitzwinkligen Kantenausbildungen

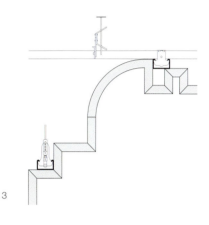
3

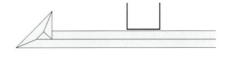

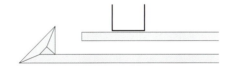
4a

b

5a
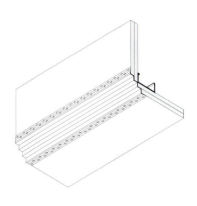
b

Oberfläche und Gestaltung
Von ebenen Flächen zu freien Formen

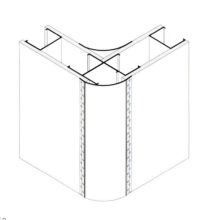
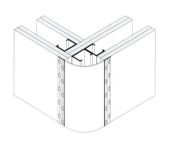
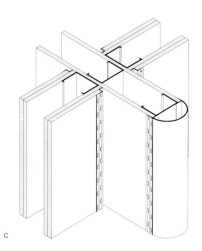

1, 2 Formteile für abgerundete Eckausbildungen und Wandköpfe
3 Formteile für abgerundete Eckausbildungen und Wandköpfe
  a Formteile für abgerundete Wandeckausbildung (innen/außen)
  b Beispiel einer abgerundeten Außenecke einer doppelt beplankten Ständerwand
  c abgerundetes freies Wandende
4–7 Formteile für abgerundete Eckausbildungen und Wandköpfe
8a, b Abtreppungen aus Gipsplattenkonstruktionen

von Schallwellen auf definierte Bereiche. Wie beim Inszenieren von Licht entstehen durch solche Maßnahmen signifikante Orte des bewussten Erlebens. Sind Räume vorrangig auf das emotionale Erlebnis ausgerichtet, wie beispielsweise im Theater und Kino, unterstützen sinnlich gekrümmte Oberflächen die gewünschten Raumeffekte (erlebniskonforme Raumgestaltung). Beim Verknüpfen von gestalterisch räumlicher Ausdruckskraft und physikalisch unterstützenden emotionalen Wahrnehmungseffekten bedarf es in der Regel der Mithilfe von Fachplanern (z. B. Akustik- und Lichtplaner).

Vorgekrümmte Unterkonstruktionen aus Metall werden werkseitig auf die erforderlichen Profilradien gebogen. Für eine spannungsfreie Montage wird die gesamte Fläche in Teilstücke und räumlich gebogene Segmente aufgeteilt.

Zwei Faktoren bestimmen die Auswahl und die Weiterentwicklung der Technologien: Die Montagekosten auf der Baustelle einerseits und die Vorfertigungskosten inklusive Transport andererseits. Eine große zeitliche Sicherheit sowie tendenziell auch eine größere Kostensicherheit bestehen bei der Vorfertigung im Werk.

Die Vorteile der Werksfertigung liegen in der Kosteneinsparung durch einen geringen Fugenanteil mit minimalem Spachtelaufwand, eine schnellere Montage und eine maßgenaue Fertigung nach individuellen Vorgaben.

Mit glasfaserverstärkten Formteilen lassen sich außergewöhnliche Konstruktionen wie komplexe Kuppeln, sphärische Formen und Freiformen in hoher Qualität herstellen. Auch großflächige Verkleidungen von Decken, Wänden, Stützen und Unterzügen sind realisierbar.

Oberfläche und Gestaltung
Oberflächenanforderungen und -güte

Oberflächenanforderungen und Oberflächengüte

Oberflächenanforderungen und -güte beschreiben die gestalterischen Merkmale der fertigen Oberfläche. In der Praxis werden häufig unterschiedliche, oft subjektive Maßstäbe angesetzt, die sich neben der Ebenheit vor allem an sichtbaren Merkmalen wie Markierungen der Kartonoberfläche oder Fugenabzeichnungen orientieren. Hinsichtlich der Verspachtelung von Plattenoberflächen werden vier verschiedene Qualitätsstufen unterschieden:
- Qualitätsstufe 1
  (Q1, Grundverspachtelung)
- Qualitätsstufe 2
  (Q2, Standardverspachtelung)
- Qualitätsstufe 3
  (Q3, Sonderverspachtelung)
- Qualitätsstufe 4
  (Q4, Vollflächenverspachtelung)

Werden bei der Beurteilung der Oberflächen spezielle Lichtverhältnisse (z. B. Streiflicht oder oberflächennahe künstliche Beleuchtung) herangezogen, ist bereits während der Ausführung der Oberflächen auf äquivalente Lichtverhältnisse zu achten.

Qualitätsstufe Q1
Für Oberflächen, an die keine gestalterischen Anforderungen gestellt werden, ist eine Grundverspachtelung ausreichend. Die Oberflächenausbildung nach Qualitätsstufe 1 umfasst:
- das vollständige Füllen der Stoßfugen der Gipsplatten
- das Überziehen der sichtbaren Teile der Befestigungsmittel

Verarbeitungsbedingte Spuren wie Riefen und Grate sind zulässig. Die Grundverspachtelung schließt das Einlegen von Fugendeckstreifen ein, sofern dies aus konstruktiven Gründen erforderlich ist.

4

5

6

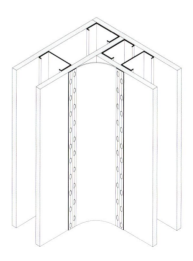
7

8a

b

Oberfläche und Gestaltung
Oberflächenanforderungen und -güte

1, 2 indirekte Beleuchtung bei Vitrinen aus Gipsplattenkonstruktion
3a–c Abtreppungen aus Gipsplattenkonstruktion
4 mehrfache Abstufungen mit Lichtöffnungen

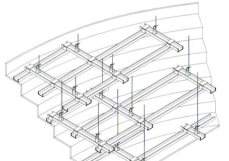

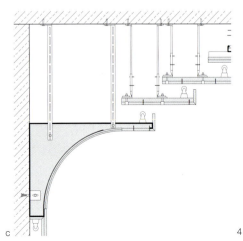
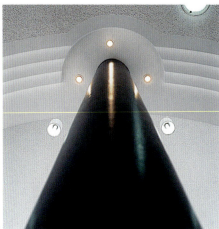

Bei mehrlagigen Beplankungen ist bei den unteren Plattenlagen ein Füllen der Stoß-fugen ausreichend, allerdings aus Grün-den des Brand- und Schallschutzes auch notwendig. Auf das Überspachteln der Befestigungsmittel kann bei den unteren Plattenlagen verzichtet werden. Das Schließen der Fugen der vertikalen und horizontalen Plattenstöße der unteren Decklagen ist durch die Brand- und Schallschutzanforderungen begründet.

Bei Flächen, die mit keramischen Platten (Fliesen) oder Natursteinbelägen bekleidet werden, ist die Qualitätsstufe Q1 ausreichend. Anstelle üblicher Spachtelmassen können die Fugen auch mit dem für die keramische Bekleidung verwendeten Dispersions- oder Epoxidharzklebstoff geschlossen werden.

Qualitätsstufe Q2
Die Verspachtelung Q2 genügt den üblichen Anforderungen an Wand- und Deckenflächen. Ziel der Verspachtelung ist es, den Fugenbereich durch stufenlose Übergänge der Plattenoberfläche anzugleichen. Gleiches gilt für die Befestigungsmittel der Innen- und Außenecken sowie der Bauteilanschlüsse. Die Verspachtelung Q2 umfasst:
- Grundverspachtelung (Füllen der Stoßfugen und Überspachteln der Befestigungsmittel)
- Nachspachteln (Feinspachteln, Finish) bis zum Erreichen eines stufenlosen Übergangs zur Plattenoberfläche

Dabei dürfen keine Abdrücke oder Grate in der Oberfläche sichtbar bleiben. Falls erforderlich, sind die verspachtelten Bereiche zu schleifen. Diese Oberflächenbearbeitung eignet sich beispielsweise für:
- mittel und grob strukturierte Wandbekleidungen wie Papier- oder Raufasertapeten

- matte, leicht strukturierte und füllende Anstriche und Beschichtungen (z. B. matte Dispersionsanstriche), die manuell aufgetragen werden
- Oberputze mit Korngrößen > 1 mm
- Holzbekleidungen und flächig verklebte Furnierbeschichtungen mit Dicken ≥ 1 mm
- flächig geklebte metallische Oberflächenbekleidungen mit einer ausreichenden Dicke (in der Regel ≥ 0,5 mm)

Wird die Qualitätsstufe Q2 als Grundlage für Wandbekleidungen, Anstriche und Beschichtungen gewählt, sind Abzeichnungen insbesondere bei Einwirkung von Streiflicht nicht auszuschließen. Eine Verringerung dieser Effekte kann in Verbindung mit einer Sonderverspachtelung (Q3) erreicht werden.

Qualitätsstufe Q3
Werden erhöhte Anforderungen an die gespachtelte Oberfläche gestellt, sind zusätzliche, über die Grund- und Standardverspachtelung hinausgehende Maßnahmen erforderlich. Die Verspachtelung Q3 umfasst:
- Standardverspachtelung (Q2)
- breites Ausspachteln der Fugen sowie scharfes Abziehen der restlichen Kartonoberfläche zum Porenverschluss mit Spachtelmaterial

Im Bedarfsfall müssen die gespachtelten Flächen geschliffen werden. Diese Oberflächenbehandlung ist beispielsweise geeignet für:
- fein strukturierte Wandbekleidungen
- matte, nicht strukturierte Anstriche/ Beschichtungen
- Oberputze, deren Körnung (Größtkorn)

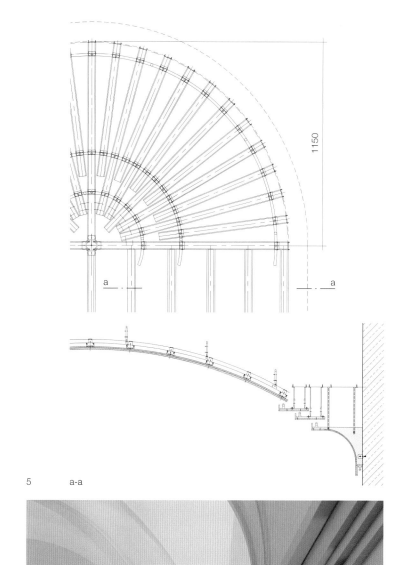

5, 6 Ausbildung von Kuppeln und gekrümmten Deckenflächen, Kuppel mit Ø 3100 mm

Oberfläche und Gestaltung
Oberflächenanforderungen und -güte

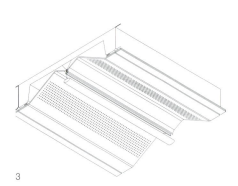

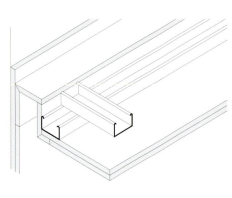

nicht mehr als 1 mm beträgt, soweit sie vom Putzhersteller für das jeweilige Gipsplattensystem freigegeben sind

Bei der Sonderverspachtelung können bei Streiflicht sichtbar werdende Abzeichnungen nicht völlig ausgeschlossen werden. Grad und Umfang solcher Abzeichnungen sind jedoch gegenüber einer Standardverspachtelung Q2 deutlich geringer.

Qualitätsstufe Q4
Im Unterschied zur Stufe Q3 wird dabei die gesamte Oberfläche mit einer durchgehenden Spachtel- oder Putzschicht abgedeckt. Um höchste Anforderungen an die Oberfläche zu erfüllen, erfolgt eine Vollflächenverspachtelung des gesamten Bereichs oder das Abstucken der gesamten Oberfläche.

Die Verspachtelung nach Q4 umfasst:
- Standardverspachtelung (Q2)
- breites Ausspachteln der Fugen sowie vollflächiges Überziehen und Glätten der gesamten Oberfläche mit einem dafür geeigneten Material (Schichtdicke bis etwa 3 mm)

Diese Qualitätsstufe eignet sich beispielsweise für:
- glatte oder strukturierte Wandbekleidungen mit Glanz (z. B. Metall- oder Vinyltapeten)
- Lasuren, Anstriche oder Beschichtungen bis zu mittlerem Glanz
- Stuccolustro oder andere hochwertige Oberflächen-Beschichtungstechniken

Eine Oberflächenbehandlung, die nach dieser Klassifizierung die höchsten Anforderungen erfüllt, minimiert mögliche Abzeichnungen und Markierungen. Soweit intensive Lichteinwirkungen das Erscheinungsbild der fertigen Oberfläche beeinflussen können, werden unerwünschte

Oberfläche und Gestaltung
Bäder und Feuchträume

Effekte, z. B. wechselnde Schattierungen auf der Oberfläche oder minimale örtliche Markierungen, weitgehend vermieden. Sie lassen sich aber keineswegs völlig ausschließen, da Lichteinflüsse in einem weiten Bereich variieren und nicht eindeutig erfasst und bewertet werden können. Darüber hinaus sind die Grenzen der handwerklichen Ausführungsmöglichkeiten zu beachten. In Einzelfällen kann es erforderlich sein, dass auch bei der Qualitätsstufe Q4 weitere Maßnahmen zur Vorbereitung der Oberfläche für die Endbeschichtung notwendig sind, z. B. für hochglänzende Lackierungen oder Lacktapeten.

Bäder und Feuchträume
In Hotels, Krankenhäusern, Schulen, Bürogebäuden und im Wohnungsbau kom-men – unabhängig von der Bauart – Tro-ckenbaukonstruktionen für Bäder und Feuchträume zum Einsatz. Nachfolgend werden diese Ausführungen und Detailanforderungen von Trockenbaukonstruktionen mit Fliesen und Platten im Innenbereich unter Berücksichtigung definierter Feuchtigkeitsbeanspruchungsklassen beschrieben.

Typische Anwendungsbereiche sind hierbei:
- Küchen, WCs und Bäder einschließlich Duschbereich (auch barrierefrei ohne Duschtassen)
- private Wohnbereiche
- Hotels und Krankenzimmer
- Gemeinschaftswohnungen (z. B. Studentenwohnheime)
- Alten- und Pflegeheime

Die Ausführung erfolgt üblicherweise in Verbindung mit folgenden Bauteilen:
- Wände
- Vorwandinstallationen
- Installations- und Schachtwände
- Nass- und Trockenestriche

1–3 vorgefertigte Deckenschwingen mit akustisch wirksamen Lochungen zur Bekleidung von Fertigteildecken
    a Hoffmeister-Leuchte
4 Ausbildung einer Schattenfuge
5-7 Deckenversätze mit indirekter Beleuchtung

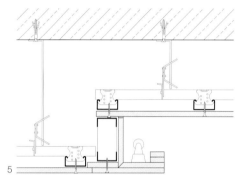
5

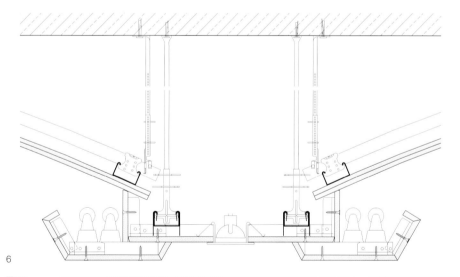
6

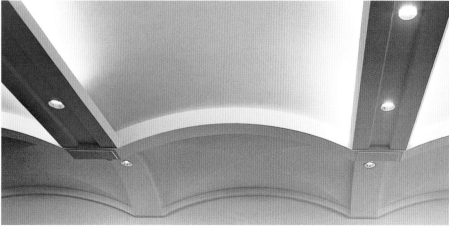
7

Oberfläche und Gestaltung
Bäder und Feuchträume

1, 3 freie Form – Lamellendecken aus Gipsplattenkonstruktion
2 akustisch wirksame Lamellendecken aus Gipsplatten
4 geschwungene Wände mit Ablageflächen, Hotel Ku' Damm 101, Berlin 2003, Mänz und Krauss
5–7 Deckenversätze mit und ohne indirekter Beleuchtung
a Platten verklebt

- vorgefertigte Installationssysteme
- Badmodule und Sanitärzellen

Bereiche mit geringer und mäßiger Feuchtigkeitsbeanspruchung sind bauaufsichtlich nicht geregelt. Eine Definition der Beanspruchungsklassen erfolgt in Tabelle T1 (s. S. 86). Die Abdichtungssysteme für Bereiche mit »hoher« Feuchtigkeitsbeanspruchung nach Tabelle T2 (s. S. 86) sind hingegen bauaufsichtlich geregelt (S. 86, Abb. 1 a–e).

Anforderungen an Untergründe
Maßgeblich für die Abdichtungen auf Trockenbausystemen ist die Beschaffenheit der Untergründe. An diese werden folgende Anforderungen gestellt:
- ebenflächig (Ebenheitstoleranzen nach DIN 18 202)
- ausreichend tragfähig und trocken
- maßhaltig und begrenzt verformbar innerhalb der vom Belag (z. B. Fliesen) aufnehmbaren Toleranzen
- frei von durchgehenden Rissen, Öl und Fett, losen Bestandteilen und Staub

Die für die einzelnen Beanspruchungsklassen zugelassenen Baustoffe sind in Tabelle T3 (s. S. 87) dargestellt.

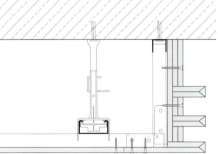

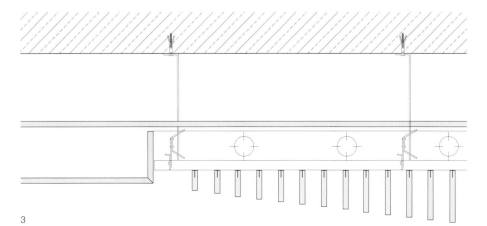

Oberfläche und Gestaltung
Bäder und Feuchträume

Gipsplatten, Gipsfaserplatten
Gipsbaustoffe sind in der Lage, Feuchtig-keitsspitzen durch eine erhöhte LuftfeuchTebeanspruchung, wie sie beispielsweise beim Duschen entstehen, aufzunehmen und abzubauen. Die Formänderungen infolge hygrischer Beanspruchung sind gering. Bei andauernder Durchfeuchtung des Werkstoffs tritt eine Reduzierung der Festigkeit auf. Generell ist zu beachten, dass imprägnierte Gipsplatten eine reduzierte Wasseraufnahme haben, aber nicht wasserbeständig sind (s. S. 13).

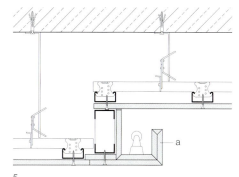

Zementgebundene Bauplatten
Zementgebundene Bauplatten bestehen aus Bewehrungsfasern, Zement und Wasser. Bauplatten ohne organische Zuschläge sind feuchte- und frostbeständig, weitestgehend widerstandsfähig gegen aggressive Atmosphären und formstabil bei thermischer Beanspruchung. Das Verformungsverhalten der Platten bei hygrischer Beanspruchung muss anwendungsbezogen besonders berücksichtigt werden.

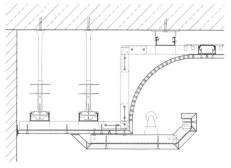

Zementbeschichtete Hartschaumplatten
Dieser Plattentyp besteht aus einem Hartschaumkern, ist mit Glasfasergewebe armiert und mit kunststoffvergütetem Zementmörtel beschichtet. Zementbeschichtete Hartschaumplatten sind feuchtebeständig und bei thermischen und hygrischen Beanspruchungen formstabil.

Abdichtungssysteme für den Trockenbau
Abdichtungssysteme für Bereiche mit hohen Feuchtebeanspruchungen benötigen ein allgemeines bauaufsichtliches Prüfzeugnis (abP) und müssen mit dem Ü-Zeichen gekennzeichnet sein. Abdichtungssysteme in Bereichen mit geringer oder mäßiger Feuchtebeanspruchung sind dagegen bauaufsichtlich nicht geregelt. Grundsätzlich können in diesen Bereichen alle verwendet werden, die bei

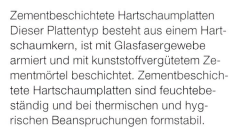

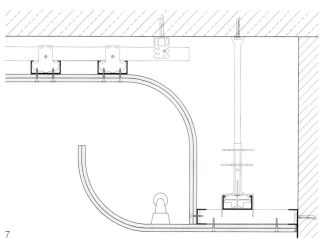

Oberfläche und Gestaltung
Bäder und Feuchträume

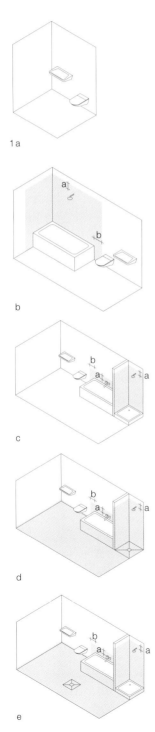

hoher Feuchtebeanspruchung zur Anwendung kommen. Es bieten sich in gering und mäßig feuchtebeanspruchten Bereichen Systeme an, die im Verbund mit Bekleidungen und Belägen aus Fliesen und Platten hergestellt werden (z. B. Flüssigfolien, Dichtbänder und Dünnbettmörtel). Die Flächenabdichtung des Bodens muss dabei dicht an die umlaufenden Wände angeschlossen werden.

Ausbildung von Wandkonstruktionen
Wandunterkonstruktionen im Trockenbau werden als Einfach- oder Doppelständerkonstruktionen ausgeführt. Um bewegungsarme Untergründe zu erhalten, wie es der keramische Fliesenbelag erfordert, ist bei Gipsplatten eine einfache Beplankung mit mindestens 12,5 mm dicken Platten bei einem Ständerabstand ≤ 420 mm bzw. 18 mm dicken Platten oder eine doppelte Beplankung mit 12,5 mm dicken Platten bei einem Ständerabstand ≤ 625 mm vorgesehen. Bei der Verwendung von Gipsfaserplatten muss bei einfacher Beplankung ein Ständerabstand ≤ 50× Plattendicke eingehalten werden. Bei Mischbeplankungen müssen die Holzwerkstoffplatten mindestens 10 mm dick sein und eine zusätzliche Bekleidung aus einer mindestens 9,5 mm dicken Gipsplatte aufweisen.

T1: Klassen der Feuchtigkeitsbeanspruchung im bauaufsichtlich nicht geregelten Bereich

Beanspruchungsklasse	Beanspruchung	Anwendungsbeispiele
0	Wand- und Bodenflächen, die nur zeitweise und kurzfristig mit Spritzwasser gering beansprucht sind	• Gäste-WCs (ohne Dusch- und Bademöglichkeit) • Hauswirtschaftsräume • Küchen mit haushaltsüblicher Nutzung • an Wänden im Bereich von Sanitärobjekten, z. B. Handwaschbecken und an der Wand hängende WCs
A01	Wandflächen, die nur zeitweise und kurzfristig mit Spritzwasser mäßig beansprucht sind	• in Bädern mit haushaltsüblicher Nutzung im unmittelbaren Spritzwasserbereich von Duschen und Badewannen
A02	Bodenflächen, die nur zeitweise und kurzfristig mit Spritzwasser mäßig beansprucht sind	• in Bädern mit haushaltsüblicher Nutzung ohne und mit einem planmäßig genutzten Bodenablauf, z. B. barrierefreie Duschen

T2: Klassen der Feuchtigkeitsbeanspruchung im bauaufsichtlich geregelten Bereich (hohe Beanspruchung)

Beanspruchungsklasse	Beanspruchung	Anwendungsbeispiele
A1	Wandflächen, die durch Brauch- und Reinigungswasser hoch beansprucht sind	• Wände in öffentlichen Duschen
A2	Bodenflächen, die durch Brauch- und Reinigungswasser hoch beansprucht sind	• Böden in öffentlichen Nassbereichen, z. B. Schwimmbad oder -halle
B	Wand- und Bodenflächen in Schwimmbecken im Innen- und Außenbereich (mit von innen drückendem Wasser)	• Wand- und Bodenflächen in Schwimmbecken
C	Wand- und Bodenflächen bei hoher Wasserbeanspruchung und in Verbindung mit chemischer Beanspruchung	• Wand- und Bodenflächen in Räumen bei begrenzter chemischer Beanspruchung (Ausgenommen sind Bereiche, in denen das Wasserhaushaltsgesetz nach § 19 WHG anzuwenden ist.)

Oberfläche und Gestaltung
Bäder und Feuchträume

Die Lasten der Sanitärobjekte werden über die Ständer bzw. die Sanitärtragständer in die Wand- und Deckenkonstruktion eingeleitet. Nach Möglichkeit sollten horizontale Plattenstöße an Wänden im abgedichteten Bereich vermieden, ansonsten konstruktiv unterlegt oder verklebt werden. Generell ist darauf zu achten, dass Formänderungen weder durch die Konstruktion bedingt noch aufgrund physikalischer Einflüsse oder durch Sanitärobjekte zur Rissbildung führen. Horizontale Flächen im spritzwasserbelasteten Bereich, beispielsweise Ablageflächen hinter Badewannen und Duschtassen, sind in die Abdichtungsmaßnahmen der Wände einzubeziehen.

T3: Untergründe für Abdichtungen und keramische Beläge

Untergrund	Feuchtigkeitsbeanspruchungsklassen			
	Wand		Boden	
	0 gering	A01 mäßig	0 gering	A02 mäßig
Gipsplatten[1]	o	●	o[2]	●[3, 2]
Gipsfaserplatten	o	●	o	●[3]
sonstige Gipsbauplatten, z. B. Spezialfeuerschutzplatten	o	●	–	–
Gipsputze	o	●	–	–
Kalkzementputze	o	●	–	–
Calciumsulfatestriche	–	–	o	●[3]
Zementestriche	–	–	o	o[5]
Gussasphaltestriche	–	–	o	o[5]
zementgebundene Bauplatten[4, 2]	o	o	o	o[5]
zementbeschichtete Hartschaumplatten[2]	o	o	o	o[5]

[1] Anwendung nach DIN 18181
[2] Herstellerangaben beachten
[3] im Bereich von planmäßig genutzten Bodenabläufen nicht zulässig (z.B. barrierefreier Duschbereich)
[4] ausgenommen zementgebundene Bauplatten mit organischen Zuschlägen (z.B. zementgebundene Spanplatten)
[5] Randanschlüsse und Bewegungsfugen sind entsprechend S. 31 auszuführen.
– Anwendung nicht zulässig
o Bereich ohne zwingend erforderliche Abdichtung (Abzudichten wenn vom Auftraggeber oder Planer für erforderlich gehalten und beauftragt wird)
● Abdichtung erforderlich

Anschlussfugen von Flächen im Spritzwasserbereich

Im spritzwasserbelasteten Bereich sind die Anschlussfugen zwischen Wänden sowie zwischen Wänden und Fußboden so abzudichten, dass die zu erwartenden Verformungen durch das Dichtungssystem sicher aufgenommen werden (S. 88, Abb. 1).

Im Spritzwasserbereich der Anschlussfuge Fußboden/Wand muss durch die vorhandene Trittschalldämmung sowie mögliche Estrich- oder Fußbodenverformungen bei Belastung, grundsätzlich ein Dichtband in die Abdichtungsebene ggf.

1 Beispiele für spritzwasserbeanspruchte Bereiche
Abstand a → 20 cm
Abstand b → 30 cm
a Gäste-WC
b häusliches Bad mit Badewanne als Dusche
c häusliches Bad mit Wanne ohne Duschnutzung und Dusche
d häusliches Bad mit Wanne ohne Duschnutzung und Dusche mit planmäßig genutztem Bodenablauf im Duschbereich
e häusliches Bad mit Wanne ohne Duschnutzung, Dusche und nicht planmäßig genutztem Bodenablauf
☐ keine oder geringe Beanspruchung durch Spritzwasser, Beanspruchungsklasse 0
▨ mäßige Beanspruchung durch Spritzwasser (Spritzwasserbereich), Beanspruchungsklasse A01, A02
2 vorgefertigte Sanitärzellen in Trockenbauweise
3 Schichtenausbau einer Badezimmerwand

Oberfläche und Gestaltung
Bäder und Feuchträume

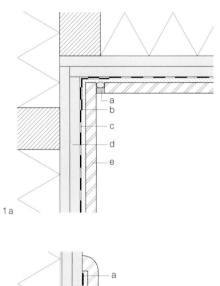

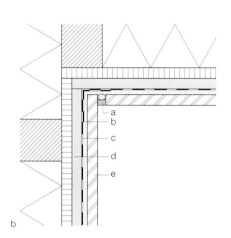

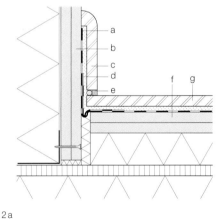

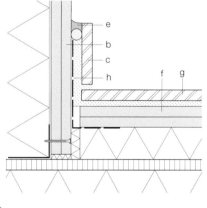

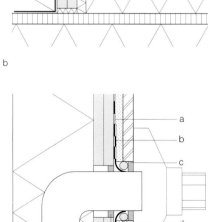

1 beispielhafte Ausbildung der Abdichtungen bei Eckverbindungen von Wänden
  a Sekundärdichtung
  b Dichtband
  c Flächenabdichtung
  d Beplankung/Bekleidung
  e Fliesen im Dünnbett
2 beispielhafter Boden-Wand-Anschluss mit Sockelfliese und Flächenabdichtung
  a Flächenabdichtung
  b Beplankung/Bekleidung
  c Sockelfliese
  d Dichtband
  e Sekundärdichtung
  f Trockenestrich
  g Fliesen im Dünnbett
  h Fugenmörtel oder Fugenkleber

mit zusätzlicher Ausbildung von entsprechenden Schlaufen eingearbeitet werden.

Die Sekundärdichtung kann mit elastischen Dichtstoffen als Rechtecks- oder Dreiecksfuge ausgeführt werden. Dabei sind die Herstellerangaben zu den maximalen Dehnfähigkeiten des Dichtstoffs sowie die Anforderungen an Fugentiefe und Fugenbreite zu berücksichtigen (Abb. 2).

Anschlussfugen im Spritzwasserbereich von Wannen an die Umfassungswände
Relativbewegungen sowohl in horizontaler wie auch in vertikaler Richtung von Dusch- oder Badewannen sind im Bereich der zu dichtenden Fuge auszuschließen. Für die Anschlussfuge müssen grundsätzlich eine Primär- und eine Sekundärdichtung vorgesehen werden, wobei die Primärdichtung die nicht sichtbare Dichtung zwischen Wannenrand und Beplankungsebene ist. Sie kann mit elastischen Materialien, Profilen, Schaumstoffdichtbändern o. Ä. ausgeführt werden.

Die Sekundärdichtung stellt den sichtbaren Anschluss zwischen Wannenrand und Fliese dar und wird mit geeigneten elastischen Dichtstoffen vorgenommen. Bei möglichen Setzungen von bis zu 2 mm ist bei einem Dichtstoff mit einer Restdehnfähigkeit von beispielsweise 25 % eine Fugenbreite von 8 mm erforderlich. Bei Trockenbausystemen sind Wannen mit aufgekanteten Profilen oder die Lagerung der Wannenränder in oder auf entsprechend konzipierten Profilen mit zusätzlicher Dichtstoffeinlage empfehlenswert (Abb. 4–7).

Durchdringungen von Rohrleitungen und Armaturen
Im nicht spritzwasserbeanspruchten Bereich ist es ausreichend, die Durchdringung von Installationen und Armatu-

Oberfläche und Gestaltung
Bäder und Feuchträume

ren elastisch zu verschließen. Insbesondere bei Kaltwasserleitungen muss auf eine entsprechende Dämmung geachtet werden, um eine Kondensatbildung zu verhindern. Im spritzwasserbeanspruchten Bereich ist die Abdichtung der Durchdringung in die Flächenabdichtung einzubeziehen. Hierzu bedarf es entsprechender dichter Verschraubungen, Dichtmanschetten oder auch spezieller Armaturen. Bei der Auswahl von Unterputzarmaturen sollte berücksichtigt werden, dass diese für den Einbau im Trockenbau geeignet und dicht in die Flächenabdichtung einzubinden sind (Abb. 3).

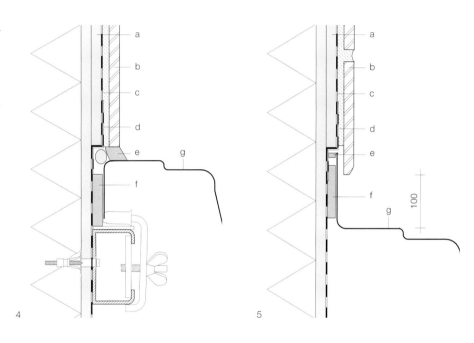

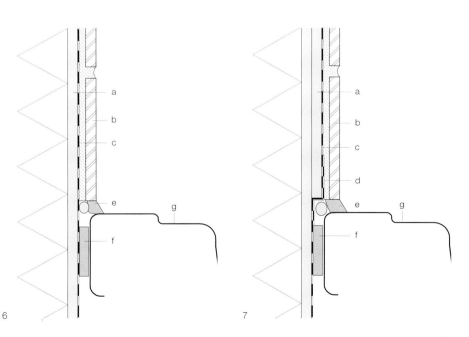

3   Installationsdurchführung Wand
   a Flächenabdichtung
   b Dichtmanschette
   c Sekundärdichtung
   d Dichtungsmasse
   e Fliesen im Dünnbett
   f Beplankung/Plattenwerkstoff
4   beispielhafter Anschluss von Sanitärobjekten mit Wannenleisten
5   beispielhafter Anschluss Duschtasse/Wand mit hochgezogenem Duschtassenrand
6,7 beispielhafter Anschluss Duschtasse/Wand

Legenden zu Abb. 4–7:
   a Beplankung/Bekleidung
   b Fliesen im Dünnbett
   c Flächenabdichtung
   d Dichtband
   e Sekundärdichtung
   f Primärdichtung
   g Duschtasse/Badewanne

Ausführungsbeispiele Trockenbau

92 Präsentationszentrum in Bad Driburg
3deluxe, Wiesbaden

95 Architekturinstallation und Berlinale-Lounge in Berlin
Graft Architekten, Berlin

96 Arztpraxis in Frankfurt
Ian Shaw Architekten, Frankfurt

97 Synagoge in Bochum
Schmitz Architekten, Köln

98 Zahnarztpraxis in Berlin
Graft Architekten, Berlin

102 Dachaufbau in Frankfurt
TIsIb Ingenieurgesellschaft, Darmstadt

105 Museum in Herford
Gehry Partners, Los Angeles

Präsentationszentrum in Bad Driburg

Architekt:	3deluxe, Wiesbaden
Ausführung:	Laackmann Trockenbau, Bad Driburg
Ausbausystem/ Formteile:	Lafarge Gips, Oberursel
Baujahr:	2004–2007

Der sogenannte Glass Cube wurde als Corporate Architecture für einen Glashersteller konzipiert und ist das Ergebnis eines interdisziplinären Entwurfsprozesses und eines integrativen Gestaltungskonzepts, das versucht, Architektur, Interieurdesign, Grafikdesign und Landschaftsplanung zu einer Einheit zusammenzuführen. Die auf der Glasfassade des Kubus aufgebrachten, grafisch verfremdeten Elemente wurden der Architektur und der umgebenden Landschaft entlehnt. Sie erzeugen ein Spiel mit den Reflexionen ihrer realen Vorbilder und bilden die Schnittstelle zwischen innen und außen und zu einer hypernaturalistischen überhöhten Welt: Die bauliche Struktur besteht aus zwei formal kontrastierenden Elementen: einem geometrisch stringenten, quaderförmigen Hüllvolumen und einer mittig in den Innenraum eingestellten Freiform. Wellenförmig geschwungene, weiße Wandflächen umschließen einen introvertierten Ausstellungsbereich und begrenzen auf ihrer anderen Seite einen extrovertierten Umgang entlang der Glasfassade.

Im Zentrum sind Ober- und Untergeschoss durch einen von Stegen durchkreuzten Luftraum miteinander verbunden. Bei Betreten des Glass Cubes öffnet sich der Raum dem Betrachter somit nicht nur in horizontaler Ebene, sondern ebenfalls nach oben und unten. In beiden Geschossen bildet das Wandkontinuum durch Einrollung Nischen aus, in denen thematische Produktinszenierungen und eine Meeting-Lounge Platz finden. Drei skulpturale, weiße Strukturen – sogenannte Genetics – verknüpfen die separaten Gebäudezonen wieder miteinander. Die Wände wurden teilweise mit einer Gaze, einem leichten, halb durchsichtigen Gewebe bespannt; eine geschwungene Schattenfuge nimmt dabei die Halterung für den Stoff auf. Die Schicht aus Gaze löst durch ihre feine Gewebestruktur die Materialität der weißen Oberfläche optisch auf. Durch das einfallende Tageslicht entstehen schillernde Moiré-Effekte, die sich in der Glasfassade widerspiegeln.

Charakteristisch für die Decke ist die filigrane Linienstruktur, die zum Teil als Gestaltungselement dient, zum Teil als Zuluftquerschnitte ausgeführt wird. Wegen des intensiven Lichteinfalls wurden weiß vorgrundierte Gipsplatten mit glattem Sichtseitenkarton verwendet. Um eine präzise Umsetzung des dreidimensionalen Computermodells zu gewährleisten, wurden die Wandabwicklungen mit einem dichten Messraster versehen. Decken- und Bodenanschlüsse bestehen aus flexiblen vorgestanzten UW-Profilen, die das Metall nicht einschneiden, und dadurch die statischen Eigenschaften der Unterkonstruktion erhalten bleiben. Die Freiformflächen wurden mit biegsamen, 6,5 mm dünnen Gipsplatten in zwei Lagen beplankt und die Oberfläche in der Oberflächenqualität Q3 ausgeführt.

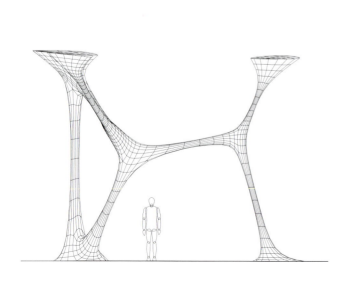

1

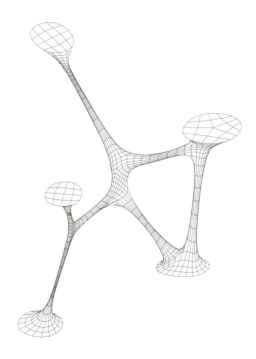

Ausführungsbeispiele Trockenbau
Präsentationszentrum in Bad Driburg

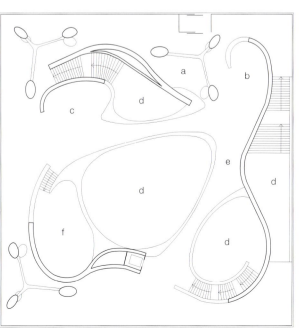

Grundriss   Maßstab 1: 450

a   Empfang
b   Wartelounge
c   Präsentation Schmuck
d   Luftraum
e   Galerie
f   Lounge

1   Stahlrohrprofile mit Unterkonstruktion aus Holz, verkleidet mit einer tiefgezogenen Halbschale aus Acrylwerkstoff
2   Unterkonstruktion der Außendecke mit Fassadenanschluss: Die Decke ist zur Fassade hin gerundet.
3   Aus gegenseitig gekrümmten Platten resultiert eine Lineatur als Gestaltungselement.
    Flexible Unterkonstruktionssysteme ermöglichen die geschwungenen Wand- und Deckenflächen.

Ausführungsbeispiele Trockenbau
Präsentationszentrum in Bad Driburg

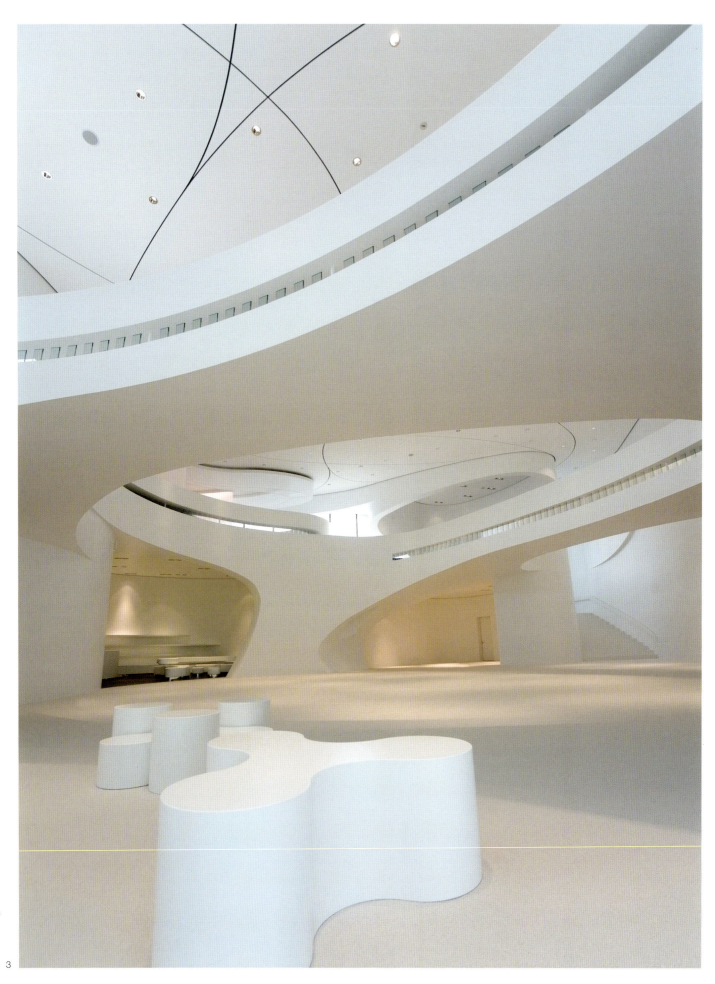

Ausführungsbeispiele Trockenbau
Architekturinstallation und Berlinale-Lounge in Berlin

Architekturinstallation und Berlinale-Lounge in Berlin

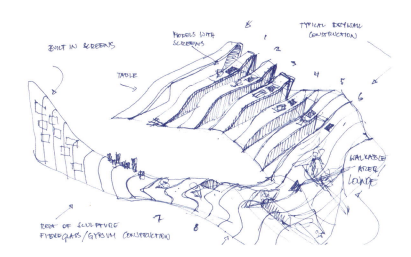

Architekt:	Graft Architekten, Berlin
Ausführung:	Mänz und Krauss, Berlin
Ausbausystem/ Formteile:	Saint-Gobain Rigips, Düsseldorf
Baujahr:	2007

Die Architekten verwirklichen hier eine begehbare Ausstellungsskulptur – eine interaktive Lounge, in der die Besucher gleichzeitig Projekte besichtigen, ausruhen und relaxen können. Die klassischen architektonischen Elemente Wand, Decke und Boden werden an neuralgischen Stellen zu Sitz-, Liege-, oder Ausstellungselementen miteinander verbunden. Mit dieser Herangehensweise streift dieses Projekt das Thema der Gestaltung zukünftiger und bereits im Prozess urbaner Verschmelzung befindlicher Lebens-, Arbeits- und Wohnwelten. Dafür werden Entwürfe, Methoden und Technologien nicht klassisch »ausgestellt«, sondern integriert.

In dem Ausstellungsobjekt spiegelt sich die Zielsetzung der Architekten wieder, syntaktische, semantische und phänomenologische Aspekte miteinander zu verschmelzen. Dabei werden narrative Elemente des Films, also »szenografisches« Denken, genauso genutzt wie eine weitreichende bautechnische Forschung. Die Arbeit ist ein Beispiel für das Zusammenspiel und -wirken vielfacher architektonischer Einflüsse, Stile und Wege und unterschiedlicher Kulturen, die in eine neue Form übergehen.

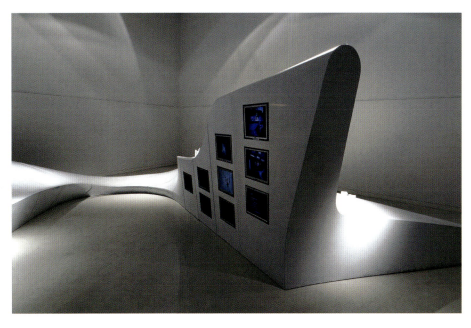

Die Umsetzung dieses Ansatzes erfolgte in einer Spantenbauweise mit einer umfassenden Bekleidung aus Gipsplatten. Dabei wurden vorrangig geschlitzte Gipskartonlochplatten verwendet, die auf die Unterkonstruktion aus Holzwerkstoffplatten und Metallprofilen aufgezogen wurden. Die Freiform der Skulptur wurde in Teilsegmenten aus Holzrahmen und Holzspanten gefertigt. Eine mit Holzwerkstoffplatten verschraubte Sekundärkonstruktion aus 0,6 mm dicken C-Profilen dient als Befestigungs- und Auflagerfläche für die Gipsplattenwerkstoffe.
In die Fläche wurden die Öffnungen und Vertiefungen eingebracht, in die nachträglich Flachbildschirme und Installationen integriert wurden.
Die Forschungen und Realisierungen zeigen die vielfältigen methodischen Auseinandersetzungen mit den neuen Möglichkeiten der Parametrisierung von Volumen und Raum durch den Computer.

Arztpraxis in Frankfurt

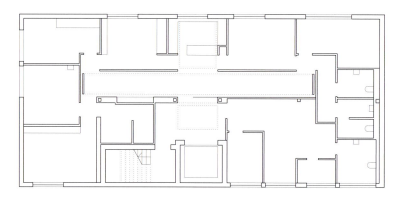

Grundriss Maßstab 1: 250

Architekt: Ian Shaw Architekten, Frankfurt
technische
Beratung: Knauf Gips KG, Iphofen
Baujahr: 2007

Das vorhandene lang gestreckte Bestandsgebäude in einer geschlossenen Bebauung stellte die Architekten vor eine besondere Herausforderung. Die Planung der Arztpraxis in Frankfurt am Main sollte räumliche Weite und zugleich eine wirtschaftliche Grundrissoptimierung berücksichtigen. Die geforderten Funktionen wie Empfang, Wartezimmer, Untersuchungs- und Behandlungsräume reihen sich entlang des Hauptflurs. Der offen gestaltete Eingangs- und Empfangsbereich durchbricht diese lineare Gliederung und erreicht dort räumliche Großzügigkeit. Eine frei im Raum schwebende, indirekt beleuchtete Decke, die an beiden Stirnseiten des Flurs senkrecht nach unten klappt, bestimmt das Erscheinungsbild im Inneren.

Die klare, reduzierte Formensprache erfordert hohe Anforderungen an die Ausführung und Detaillierung. Mit den eingesetzten Trockenbausystemen für Wand und Decke wurde eine puristische Ästhetik, die auf exakter Geometrie und ebenen Oberflächen basiert, wirtschaftlich realisiert. Besondere konstruktive Anforderungen stellte die Konstruktion der scheinbar freihängenden Decke. Sie bildet zusammen mit zwei weiteren, rechtwinklig anschließenden, illuminierten Deckenelementen formal ein lang gezogenes Kreuz. Die Montage erfolgte über eine quer ausgesteifte, doppelt beplankte Unterkonstruktion. Aufkantungen im Randbereich verdecken die Warmzonen-Leuchtstoffröhren, die auf der Oberseite der Konstruktion angebracht sind. Der Übergang von der Horizontalen in die Vertikale ist detailgenau ausgeführt. Eine vollflächige Spachtelung der Oberflächen (Qualität Q3) erlaubt Streiflichtfreiheit und somit eine Reflexion des Lichts im Raum. Die indirekte Beleuchtung, das Licht-und-Schatten-Spiel sowie eine möglichst einheitliche Materialverwendung verleihen der gesamten Praxis eine ruhige und angenehme Atmosphäre.

Synagoge in Bochum

Architekt: Schmitz Architekten, Köln
Ausführung: Mänz und Krauss, Berlin
Bemessung/ Institut und Versuchsanstalt
bautechnische für Holz- und Trockenbau,
Nachweise: Darmstadt
Beratung: Lafarge Gips, Oberursel
Baujahr: 2007

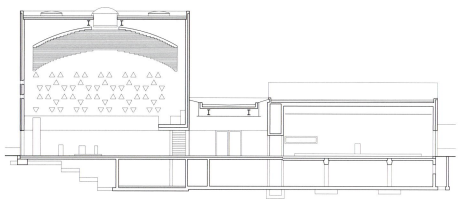

Schnitt Maßstab 1:400

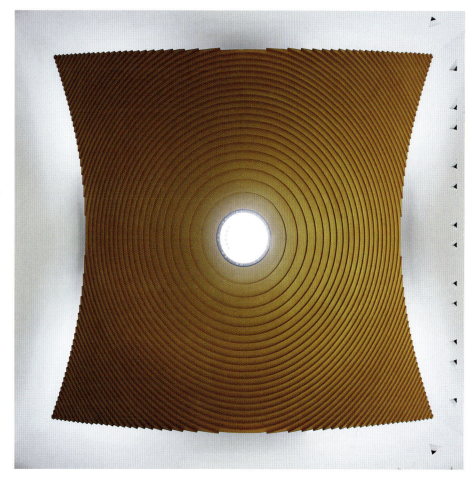

Die alte, in der Reichsprogromnacht 1938 zerstörte Bochumer Synagoge wurde seitdem nicht mehr aufgebaut. Erst 2003 stand der Jüdischen Gemeinde ein Bauplatz neben dem Planetarium oberhalb einer der Hauptstraßen zur Verfügung. Auf einem scharf geschnittenen, mit gestockten Sichtbetonmauern eingefassten Plateau erhebt sich der steinerne Kubus der Synagoge. Dieser steht im Wechselspiel zum metallisch schimmernden Kuppelbau des benachbarten Planetariums. In der Fassadengestaltung wird das Motiv des Davidsterns interpretiert. Eine abwechselnd vor- und zurückgesetzte Mauerung bildet das reliefartige Ornament aus – ein bekanntes Gestaltungsmittel aus der Industriearchitektur des Ruhrgebiets. Durch die ornamentierte Fassade entstehen dreieckige Fenster, die im Innenraum einen umlaufenden Fries an den Wänden der Synagoge bilden.

Um dem Raum Feierlichkeit und Erhabenheit zu geben, wurde eine radiale Stufenkuppel über einem quadratischen Grundriss entwickelt, die jedoch nicht als Konstruktionsprinzip verwendet wird, sondern die Leichtigkeit eines schwebenden Baldachins ausstrahlt. Dieser Eindruck wird durch die Faltung der Fläche in horizontale und vertikale Stufen verstärkt. Zusätzlich ist die goldene Kuppel seitlich von den Wänden durch eine Lichtfuge abgesetzt. Insgesamt wird die gestalterische Wirkung durch ihre Form und Farbe erzielt. Material und Konstruktion aus glasfaserverstärktem Gips stellen die Basis dar. Die Gipsplattenkuppel ist in Teilsegmenten von ca. 2 m² vorgefertigt und zu einer fugenlosen Fläche von 250 m² zusammengefügt. Die feingliedrige radiale Faltung, die Minimierung des Eigengewichts und der Montagezeiten sowie die hohen Anforderungen an die Oberflächenebenheit erfordert dabei eine besondere Technologie, die mit konventionellen Gipsplatten nicht umgesetzt werden kann. Hier wird eine neuartige Technologie eingegossener Unterkonstruktionselemente angewandt – individuell gegossene und glasfaserverstärkte Polymer-Gipselemente. In diese Elemente werden T-Schienen eingegossen, an die Abhängesysteme und Gewindestangen ohne weitere Unterkonstruktion befestigt werden. Die Glasfasern in der Polymergipsmatrix ermöglichen Platten- und Konstruktionsdicken von 4 bis 6 mm. Zur Versteifung der dünnschichtigen Gipselemente werden die Plattenränder mit einer Aufkantung von 75 mm ausgebildet, die gleichzeitig zur Stoßausbildung der einzelnen Teilsegmente untereinander dient. Die kraftschlüssige Verbindung erfolgt mittels Verschraubung der beidseitigen Aufkantungen. Für die Überkopfanwendung der Gipsformteile waren Untersuchungen an der Versuchsanstalt für Holz- und Trockenbau zur Auszugsfestigkeit der eingegossenen T-Bleche notwendig. Die erforderliche Anzahl und der maximale Abstand der Abhängungspunkte wurden im Anschluss bestimmt. Auf Grundlage der Untersuchungen konnte so ein neuartiges System für eine wirtschaftliche Ausführung einer Stufenkuppel entworfen und eingesetzt werden.

Zahnarztpraxis in Berlin

Architekt: Graft Architekten, Berlin
Trockenbau: Frömmig & Scheffler, Lichtenstein
technische
Beratung: Knauf Gips KG, Iphofen
Baujahr: 2005

Auf den beiden letzten Etagen eines Berliner Bestandsgebäudes entstand eine neue Zahnarztpraxis mit einem radikal veränderten Raum- und Farbkonzept. Auf einer Fläche von 900 m² gestalteten die Berliner Architekten eine offene Raumfolge als gelborange »Dünenlandschaft«. Die gesamte Praxis wurde bis auf wenige Sonderkonstruktionen aus Stahl für die gefassten Glasabtrennungen zwischen den oberen Behandlungseinheiten in Trockenbauweise ausgeführt. Die oberen Räume wie Empfang, Flur und Wartebereich sind wellenförmig modelliert, weisen gewölbte Böden und Decken sowie schräge Wände auf, die mit Gipsplatten unterschiedlicher Art in vorgefertigten Radien verkleidet sind. Im Bereich des ansatzlosen Übergangs zwischen den sich nach oben wölbenden Böden und den schräg aufsteigenden Wänden wurden vorgefertigte Kehlen verwendet, die die hohen Anforderungen an die Tritt- und Stoßfestigkeit erfüllen. Hier kamen bis in eine Höhe von 30 cm hochfeste Gipsfaserplattenelemente zum Einsatz. Die gekrümmten Wände sind dabei um bis zu 12° geneigt; bei engen Biegeradien und komplexen Krümmungen wurden Gipsformplatten mit 6,5 mm Dicke verwendet. Die Trockenbauunterkonstruktionen der auf dem Boden aufgesetzten und von der Decke abgehängten »Wellen« werden von Stahlbautraversen gehalten. Der Materialwechsel ist als Stufenfalz ausgeführt.
Glastrennwände in Augenhöhe erlauben den Überblick über die gesamte Ebene. Auch das Mobiliar ist nahezu übergangslos mit den raumbildenden Elementen verbunden.
Der Deckenbereich ist mit einer klassischen Unterkonstruktion für abgehängte Decken ausgebildet, die auf der Technik von Tonnengewölben mit vorgebogenen CD-Unterkonstruktionsprofilen basiert. Anspruchsvoll ist der Wechsel von konkaven auf konvexe Biegungen. Hier hat sich ein hoher Vorfertigungsgrad bewährt. Die Oberflächen wurden nach flächiger Verspachtelung mit bedruckten Boden- und Wandbelägen beschichtet.
Die Treppe in das untere Geschoss mit weiteren Behandlungs- und Besprechungsräumen weist gleichermaßen schräge Seitenwände auf. Im Flur wird das Wellenmotiv wieder aufgenommen. Bei Radien bis 2750 mm wurden die Gipsplatten trocken gebogen; bei engeren Radien wurden Formplatten verwendet, die sich trocken bis zu Radien von 1000 mm biegen lassen.

Grundriss Maßstab 1:500
Schnitte ohne Maßstab

1 An Metalltraversen für Wand und Decke wird die Konstruktion befestigt. Die Platten werden segmentweise gemäß den Radien zugeschnitten Präzision durch Vorfertigung: Bei engen Radien wurden Formteile eingesetzt.
2 Die Konturen werden erkennbar. Die Glaselemente sind bereits integriert; raumbildender Ausbau mit mobilarintegriertem Trockenbau.

Ausführungsbeispiele Trockenbau
Zahnarztpraxis in Berlin

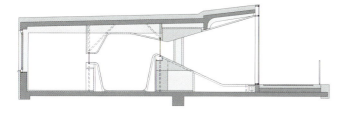

aa

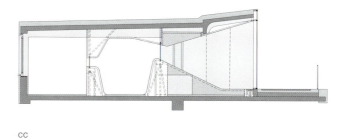

cc

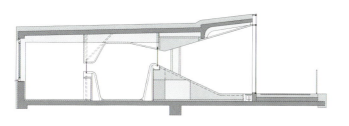

bb

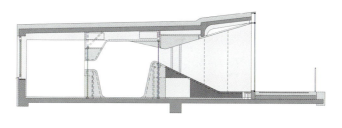

dd

1

2

Ausführungsbeispiele Trockenbau
Zahnarztpraxis in Berlin

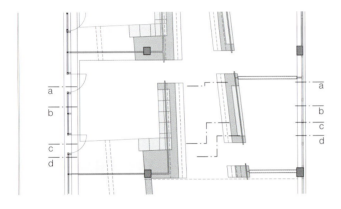

Grundriss   ohne Maßstab

Ausführungsbeispiele Trockenbau
Zahnarztpraxis in Berlin

Dachaufbau in Frankfurt

Planung: TIslb Ingenieurgesellschaft, Darmstadt
Ausführung: Gebrüder Bommhardt Bauunternehmung, Waldkappel-Bischhausen, in Zusammenarbeit mit O. Lux, Roth
Baujahr: 2007

Als typische Wohnanlage der 1960er-Jahre präsentierte sich der vorhandene Wohnungsbau in dreigeschossiger Zeilenbauweise im Frankfurter Stadtteil Praunheim. Trotz des technisch überholten Standards und der verzögerten Instandhaltung machten die gute infrastrukturelle Anbindung und der großzügige Baumbestand das Bauprojekt attraktiv. Im Zuge dessen entstanden 12 neue Wohneinheiten. Durch Nachverdichtung in Form von Aufstockungen in Trockenbauweise und durch deren Verkauf konnten die notwendigen Modernisierungs- und Sanierungsmaßnahmen der Wohnanlage finanziert werden.

Die Maßnahmen wurden nur in konsequenter Leichtbauweise durchgeführt, da die Tragfähigkeit der Bestandsdachflächen die zusätzlichen Verkehrslasten nicht aufnehmen konnte. Tragende Trockenbausysteme optimierten das Eigengewicht. Das Tragwerk von Weitspannträgern aus Dünnblechprofilen ermöglichte eine flexible Grundrissgestaltung.

Da die Nachverdichtung im bewohnten Bestand durchgeführt werden musste, entschied man sich für vorgefertigte Wand- und Deckenbauteile in Stahlleichtbauweise. Umgesetzt wurde eine klassische Trockenbauweise, bei der die Blechdicken der Ständer und Deckenprofile nur 1,5 mm bis 2,0 mm betrugen. Zur wirtschaftlichen Fügung der Beplankungen dienten ballistische Nägel, die eine analoge Verarbeitung wie im Holzbau ermöglichten. Die Montage des Rohbaus einer Aufstockung mit jeweils vier Wohneinheiten auf ca. 450 m² Wohnfläche erfolgte innerhalb von einer Woche.

Die Außenwandelemente wurden bereits im Werk ausgedämmt und mit Dampfsperre und beidseitiger Beplankung versehen. Nach Montage der Wand- und Deckenelemente ergänzte man die großflächigen Verglasungen und brachte außenseitig ein Wärmedämmverbundsystem sowie eine zusätzliche Gefälledämmung auf dem Dach auf. Im Gegensatz zum Massivbau wurde keine Baufeuchte eingebracht, und der Innenausbau verlief parallel zu den Wärmedämmarbeiten unmittelbar nach Abschluss der Montage von Wand- und Deckenelementen.

Durch die integrative Dämmung der Tragkonstruktion der Außenwände (Dämmung in der Ebene der Ständer) sowie einer zusätzlichen Außendämmung konnten U-Werte im Bereich von 0,15 bis 0,20 W/m²K erreicht werden.

a Fügen von Rähm und Ständer auf dem Fertigungstisch
b Ausdämmen der Wandelemente mit Mineralfaserdämmung
c Montage der vorgefertigten Elemente auf der Baustelle
d gefügte Wand- und Deckenelemente als Halbfertigteile nach Montage vor Ort

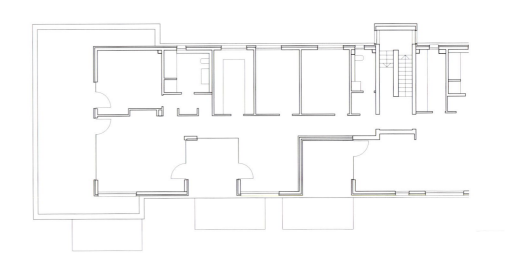

Ausführungsbeispiele Trockenbau
Dachaufbau in Frankfurt

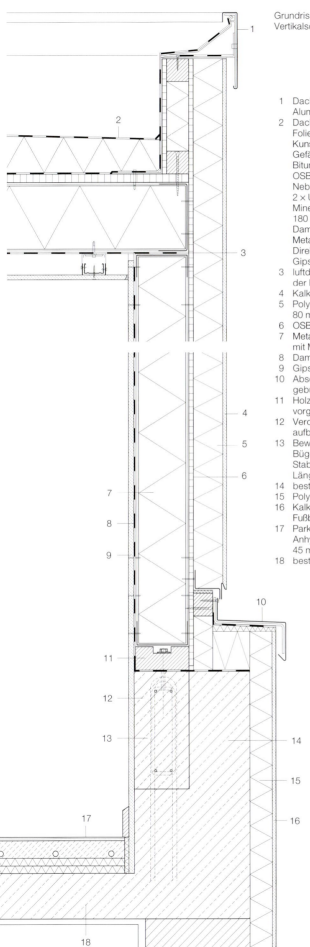

Grundriss   Maßstab 1:250
Vertikalschnitt   Maßstab 1:10

1 Dachrandabschlussprofil
  Aluminium, eloxal gebürstet E2/EV1
2 Dachaufbau:
  Folie UV-beständig
  Kunststoffvlieskaschierung
  Gefälledämmung, 80–300 mm
  Bitumenabdichtung
  OSB-Platte, 22 mm
  Nebenträgerlage S 235,
  2 × U 180/70/2 mm
  Mineralfaserdämmung WLG 040
  180 mm
  Dampfsperre, SD > 100 m
  Metall-UK CD 60/27 mm mit
  Direktabhängern 40 mm
  Gipskartonplatte 12,5 mm
3 luftdichte und dampfdichte Verklebung
  der Folienstöße
4 Kalkzementputz
5 Polystyrol-Hartschaum WLG 040,
  80 mm
6 OSB-Platte 12 mm
7 Metallständer S 235 150/50/10 1,5 mm
  mit Mineralfaserdämmung WLG 040
8 Dampfsperre
9 Gipsfaserplatte, gespachtelt
10 Abschlussprofil Aluminium, eloxal
  gebürstet
11 Holzbohle 6/15 cm zur Montage der
  vorgefertigten Stahlleichtbauelemente,
12 Verdübelung auf aufbetonierter Attika
  aufbetonierter Attikateil C 20/25
13 Bewehrung:
  Bügel verdübelt in unterem Attikabereich
  Stabstahl und Bügel als konstruktive
  Längsbewehrung
14 bestehende Attika aus Stahlbeton
15 Polystyrol-Hartschaum Bestand 60 mm
16 Kalkzementputz Bestand 10 mm
  Fußbodenaufbau:
17 Parkett
  Anhydritestrich mit Fußbodenheizung
  45 mm, Trittschalldämmung 2 × 20 mm
18 bestehende Stahlbetondecke 120 mm

a

b

c

d

Ausführungsbeispiele Trockenbau
Dachaufbau in Frankfurt

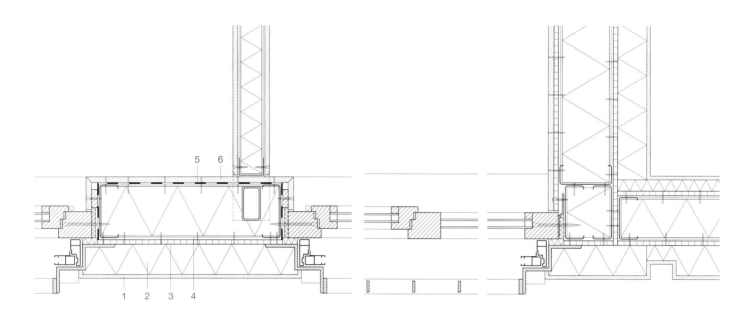

Horizontalschnittt
Anschluss Wandelement –
Terrassenbrüstung
Maßstab 1:10

Aufbau Stahlleichtbauwand:
1 Außenputz Kalkzementputz
2 Polystyrol-Hartschaum WLG 040, 80 mm
3 OSB-Platte 12 mm
4 Metallständer S 235 150/50/10 d = 1,5 mm mit Mineralfaserdämmung WLG 040
5 Dampfsperre
6 Gipskartonbekleidung, Spachtelung

Museum in Herford

Architekt:	Gehry Partners, Los Angeles mit Archimedes Bauplanungsgesellschaft, Herford
Ausführung:	Mänz und Krauss, Berlin
Ausbausystem/ Formteile:	Saint-Gobain Rigips, Düsseldorf
Baujahr:	2005

In der nordrheinwestfälischen Kleinstadt Herford entstand auf einem 8000 m² großen Grundstück an dem geschwungenen Flusslauf der Aa das Museum für zeitgenössische Kunst und Design »MARTa«. Der regionaltypisch verklinkerte und mit einem wellenförmigen Edelstahldach bedeckte Komplex ist aus vielen konvexen und konkaven Baukörpern mit gewellt ansteigenden Dächern zusammengesetzt und weist zur Straßenseite keinerlei Fenster auf. Hier sind Lichtschächte eingearbeitet, die das Innere des Museums natürlich belichten und je nach Sonnenstand wechselnde Lichtakzente setzen. Das Museum ist in vier verschiedene Funktionsbereiche aufgeteilt: Museum, Forum, Zentrum und Gastronomie.

Es zeigt, wie Trockenbauweisen den Ausdruck von Gestalt und die Schaffung von Körper und Raum erzeugen.

Eine rechtwinkelige Präsentationsfläche befindet sich in der ersten Etage, die im Sinne des »White Cube« ästhetisch zurückgenommen und äußerst neutral gestaltet ist. Im Gegensatz dazu stellen die Ausstellungsräume im Erdgeschoss ein dynamisch-organisches Raumgefüge dar. Dieser Museumsteil besitzt eine eigene skulpturale Formensprache. Er besteht aus einem in sich verdrehten, 22 m hohen, kathedralengleichen Turm, dem sogenannten Dom, der von vier weiteren, kleineren und organisch geformten Galerien umgeben ist. Hier sind die Räume alle eingeschossig konzipiert, sodass der Besucher nicht nur die Kunstwerke betrachten, sondern auch bis unter das Dach in den Himmel blicken kann. Die hohen Decken besitzen integrierte Oberlichter, sogenannte Skylights. Ihre Lichtführung wurde mithilfe von Simulationsmodellen an einfach und mehrfach gekrümmten Flächen bestimmt.

Die Räume selbst wirken wie begehbare Raumskulpturen. Die stärkste Wandneigung im Gebäude beträgt 68°. Die Unterkonstruktion ist eine gebogene Stahlstruktur, deren vorgeformte Träger vor Ort montiert wurden. Durch die dreidimensionalen Krümmungen, die engen Biegeradien und die hohen Oberflächenanforderungen wurde der Werkstoff Gipskarton bei der Ausführung bis an seine Grenzen geführt. Für die entwurfsbedingten Anschlüsse und Details bedurfte es einer Zustimmung im Einzelfall. Die Oberflächen wurden in der höchsten Qualitätsstufe Q4 bespachtelt, um bestmögliche Streiflichtanforderung zu erfüllen. Eine voll- und hohlplastische Architektur sowie der Anspruch an eine formale Leichtigkeit wären in einer monolithischen Bauweise nicht realisierbar.

Normen und Richtlinien (Auswahl)

DIN 1052
Entwurf, Berechnung und Bemessung von Holzbauwerken – Allgemeine Bemessungsregeln und Bemessungsregeln für den Hochbau

DIN 4102 Brandverhalten von Baustoffen und Bauteilen

DIN 4103-1 Nicht tragende innere Trennwände; Anforderungen, Nachweise

DIN 4108 Wärmeschutz und Energieeinsparung in Gebäuden

DIN 4108-7
Wärmeschutz und Energie-Einsparung in Gebäuden – Teil 7: Luftdichtheit von Gebäuden, Anforderungen, Planungs- und Ausführungsempfehlungen sowie -beispiele

DIN 4109 Schallschutz im Hochbau

DIN 4109 Beiblatt 1
Schallschutz im Hochbau; Ausführungsbeispiele und Rechenverfahren

DIN 18101
Türen; Türen für den Wohnungsbau; Türblattgrößen, Bandsitz und Schlosssitz; Gegenseitige Abhängigkeit der Maße

DIN 18111-1
Türzargen – Stahlzargen – Teil 1: Standardzargen für gefälzte Türen in Mauerwerkswänden

DIN 18111-2
Türzargen – Stahlzargen – Teil 2: Standardzargen für gefälzte Türen in Ständerwerkswänden

DIN 18111-3
Türzargen – Stahlzargen – Teil 3: Sonderzargen für gefälzte und ungefälzte Türblätter

DIN 18111-4
Türzargen – Stahlzargen – Teil 4: Einbau von Stahlzargen

DIN 18168-1
Gipsplattendeckenbekleidungen und Unterdecken – Teil 1: Anforderungen an die Ausführung

DIN 18168-2
Gipsplattendeckenbekleidungen und Unterdecken – Teil 2: Nachweis der Tragfähigkeit von Unterkonstruktionen und Abhängern aus Metall

DIN 18180
Gipsplatten – Arten und Anforderungen

DIN 18181
Gipsplatten im Hochbau – Verarbeitung

DIN 18182-1
Zubehör für die Verarbeitung von Gipsplatten – Teil 1: Profile aus Stahlblech

DIN 18182-2
Zubehör für die Verarbeitung von Gipskartonplatten; Schnellbauschrauben

DIN 18182-3
Zubehör für die Verarbeitung von Gipskartonplatten; Klammern

DIN 18182-4
Zubehör für die Verarbeitung von Gipskartonplatten; Nägel

DIN 18183
Montagewände aus Gipskartonplatten; Ausführung von Metallständerwänden

DIN 18184
Gipskartonverbundplatten mit Polystyrol- oder Polyurethan-Hartschaum als Dämmstoff

DIN 18340
VOB Vergabe- und Vertragsordnung für Bauleistungen – Teil C: Allgemeine technische Vertragsbedingungen für Bauleistungen (ATV) – Trockenbauarbeiten

DIN 55928-8
Korrosionsschutz von Stahlbauten durch Beschichtungen und Überzüge; Teil 8: Korrosionsschutz von tragenden dünnwandigen Bauteilen

OENORM DIN 55928-9
Korrosionsschutz von Stahlbauten durch Beschichtungen und Überzüge – Beschichtungsstoffe – Zusammensetzung von Bindemitteln und Pigmenten

DIN 68127
Akustikbretter

DIN 68706-1
Innentüren aus Holz und Holzwerkstoffen – Teil 1: Türblätter; Begriffe, Maße, Anforderungen

DIN 68706-2
Innentüren aus Holz und Holzwerkstoffen – Teil 2: Türzargen; Begriffe, Maße, Einbau

DIN 68740-2
Paneele – Teil 2: Furnierdecklagen auf Holzwerkstoffen

DIN 68762
Spanplatten für Sonderzwecke im Bauwesen; Begriffe, Anforderungen, Prüfung

DIN 68800-1
Holzschutz im Hochbau – Allgemeines

DIN 68800-2
Holzschutz – Teil 2: Vorbeugende bauliche Maßnahmen im Hochbau

DIN 68800-3
Holzschutz; Vorbeugender chemischer Holzschutz

DIN 68800-4
Holzschutz; Bekämpfungsmaßnahmen gegen holzzerstörende Pilze und Insekten

DIN 68800-5
Holzschutz im Hochbau; Vorbeugender chemischer Schutz von Holzwerkstoffen

DIN EN 438-1
Dekorative Hochdruck-Schichtpressstoffplatten (HPL) – Platten auf Basis härtbarer Harze (Schichtpressstoffe) – Teil 1: Einleitung und allgemeine Informationen; Deutsche Fassung EN 438-1:2005

DIN EN 438-2
Dekorative Hochdruck-Schichtpressstoffplatten (HPL) – Platten auf Basis härtbarer Harze (Schichtpressstoffe) – Teil 2: Bestimmung der Eigenschaften; Deutsche Fassung EN 438-2:2005

DIN EN 438-3
Dekorative Hochdruck-Schichtpressstoffplatten (HPL) – Platten auf Basis härtbarer Harze (Schichtpressstoffe) – Teil 3: Klassifizierung und Spezifikationen für Schichtpressstoffe mit einer Dicke kleiner als 2 mm, vorgesehen zum Verkleben auf ein Trägermaterial; Deutsche Fassung EN 438-3:2005

DIN EN 12431
Wärmedämmstoffe für das Bauwesen – Bestimmung der Dicke von Dämmstoffen unter schwimmendem Estrich; Deutsche Fassung EN 12431:1998 + A1:2006

DIN EN 12524
Baustoffe und -produkte – Wärme- und feuchteschutztechnische Eigenschaften – Tabellierte Bemessungswerte; Deutsche Fassung EN 12524:2000

DIN EN 12825
Doppelböden; Deutsche Fassung EN 12825:2001

DIN EN 13162
Wärmedämmstoffe für Gebäude – Werkmäßig hergestellte Produkte aus Mineralwolle (MW) – Spezifikation; Deutsche Fassung EN 13162:2001

DIN EN 13163
Wärmedämmstoffe für Gebäude – Werkmäßig hergestellte Produkte aus expandiertem Polystyrol (EPS) – Spezifikation; Deutsche Fassung EN 13163:2001

DIN EN 13164
Wärmedämmstoffe für Gebäude – Werkmäßig hergestellte Produkte aus extrudiertem Polystyrolschaum (XPS) – Spezifikation; Deutsche Fassung EN 13164:2001

DIN EN 13165
Wärmedämmstoffe für Gebäude – Werkmäßig hergestellte Produkte aus Polyurethan-Hartschaum (PUR) – Spezifikation; Deutsche Fassung EN 13165:2001 + A1:2004 + A2:2004

DIN EN 13166
Wärmedämmstoffe für Gebäude – Werkmäßig hergestellte Produkte aus Phenolharz-Hartschaum (PF) – Spezifikation; Deutsche Fassung EN 13166:2001

DIN EN 13167
Wärmedämmstoffe für Gebäude – Werkmäßig hergestellte Produkte aus Schaumglas (CG) – Spezifikation; Deutsche Fassung EN 13167:2001

DIN EN 13168
Wärmedämmstoffe für Gebäude – Werkmäßig hergestellte Produkte aus Holzwolle (WW) – Spezifikation; Deutsche Fassung EN 13168:2001

DIN EN 13169
Wärmedämmstoffe für Gebäude – Werkmäßig hergestellte Produkte aus Blähperlit (EPB) – Spezifikation; Deutsche Fassung EN 13169:2001

DIN EN 13170
Wärmedämmstoffe für Gebäude – Werkmäßig hergestellte Produkte aus expandiertem Kork (ICB) – Spezifikation; Deutsche Fassung EN 13170:2001

DIN EN 13170 Berichtigung 1
Wärmedämmstoffe für Gebäude – Werkmäßig hergestellte Produkte aus expandiertem Kork (ICB) – Spezifikation; Deutsche Fassung EN 13170:2001, Berichtigungen zu DIN EN 13170:2001-10; Deutsche Fassung EN 13170:2001/AC:2005

DIN EN 13171
Wärmedämmstoffe für Gebäude – Werkmäßig hergestellte Produkte aus Holzfasern (WF) – Spezifikation; Deutsche Fassung EN 13171:2001

DIN EN 13213
Hohlböden; Deutsche Fassung EN 13213:2001

DIN EN 13964
Unterdecken – Anforderungen und Prüfverfahren; Deutsche Fassung EN 13964:2004 + A1:2006

DIN EN 13986
Holzwerkstoffe zur Verwendung im Bauwesen – Eigenschaften, Bewertung der Konformität und Kennzeichnung; Deutsche Fassung EN 13986:2004

DIN EN 14195
Metallprofile für Unterkonstruktionen von Gipsplattensystemen – Begriffe, Anforderungen und Prüfverfahren; Deutsche Fassung EN 14195:2005

DIN EN 14322
Holzwerkstoffe – Melaminbeschichtete Platten zur Verwendung im Innenbereich – Definition, Anforderungen und Klassifizierung; Deutsche Fassung EN 14322:2004

DIN EN 14566
Mechanische Befestigungsmittel für Gipsplattensysteme – Begriffe, Anforderungen und Prüfverfahren; Deutsche Fassung prEN 14566:2007

Institute und Verbände (Auswahl)

Institute

VHT – Versuchsanstalt für Holz- und Trockenbau
www.vht-darmstadt.de

Verbände

Bundesweite Interessengemeinschaft Trockenbau e.V.
www.big-trockenbau.de

RAL-Gütegemeinschaft Trockenbau e.V.
www.trockenbau-ral.de

IGG – Industriegruppe Gipsplatten (beim Bundesverband der Gipsindustrie e.V.)
www.gips.de

BVS Bundesverband Systemböden e.V.
www.systemboden.de

TAIM e.V. – Verband industrieller Metalldeckenhersteller
www.taim-ev.org

Hersteller (Auswahl)

AMF Deckensysteme
(Knauf AMF GmbH & Co. KG)
www.amf-grafenau.de

Armstrong World Industries
www.armstrong.de

BER Deckensysteme GmbH
www.ber-deckenkonzepte.com

Bohle Innenausbau GmbH & Co. KG
www.bohle-gruppe.de

Calsitherm Silikatbaustoffe GmbH
www.calsitherm.de

Chicago Metallic Corporation
www.chicago-metallic.com

Danogips GmbH & Co. KG
www.danogips.de

Deutsche Heraklith GmbH
www.heraklith.com

Deutsche Rockwool Mineralwoll GmbH & Co. OHG
www.rockwool.de

Eternit AG
www.eternit.de

Franz Habisreutinger GmbH & Co. KG
www.habisreutinger.de

Haubold Befestigungstechnik GmbH
www.haubold-deutschland.com

Hunter Douglas Components
www.hunterdouglas.de

Isorast GmbH
www.isorast.de

Kiefer Luft- und Klimatechnik
www.kieferklima.de

Knauf Drywall UK
www.knaufdrywall.co.uk

Knauf Gips KG
www.knauf.de

Knauf Integral KG
www.knauf-integral.de

Knauf Perlite GmbH
www.perlite.de

König GmbH & Co. KG
www.koenig-produkte.de

Lafarge Gips GmbH
www.lafargegips.de

Liapor GmbH & Co. KG
www.liapor.com

Lignokustik AG
www.lignokustik.ch

Lindner AG
www.lindner-holding.de

Lindner Reinraumtechnik
www.lindner-reinraumtechnik.com

Mänz und Krauss Ausbau GmbH
www.maenz-berlin.com

Mero – TSK International GmbH & Co. KG
www.mero.de

Miprotec Brandschutzprodukte (im Haus der Techno-Physik Engineering GmbH)
www.techno-physik.com

NE Paneel Decken
(Nagelstutz & Eichler GmbH & Co. KG)
www.nagelstutzundeichler.de

Okel GmbH & Co. KG
www.okel.de

OWA – Odenwald Faserplattenwerk GmbH
www.owa.de

pinta acoustic GmbH
www.pinta-acoustic.de

Promat GmbH
www.promat.de

Protektorwerk Florenz Maisch GmbH & Co. KG
www.protektor.com

Richter System GmbH & Co. KG
www.richtersystem.com

Röhr GmbH, europlac furniert
www.europlac.de

Saint-Gobain Rigips GmbH
www.rigips.de

Saint-Gobain Isover G +H AG
www.isover.de

Suckow & Fischer Systeme GmbH & Co. KG
www.suckow-fischer.de

Topakustik Promotion GmbH & Co. KG
www.topakustik.de

Tremco illbruck GmbH & Co. KG
www.tremco-illbruck.com

URSA Deutschland GmbH
www.ursa.de

USG Deutschland GmbH
www.usgeurope.com

Vogl Deckensysteme GmbH
www.vogl-deckensysteme.de

WeGo Systembaustoffe GmbH & Co. oHG
www.wego-vti.de

Xella International GmbH
www.xella.de

Literatur (Auswahl)

Becker/Pfau/Tichelmann:
Trockenbau-Atlas Teil I,
Rudolf Müller Verlag, Köln 2004

Becker/Pfau/Tichelmann:
Trockenbau-Atlas Teil II,
Rudolf Müller Verlag, Köln 2005

Tichelmann/Pfau:
Entwicklungswandel Wohnungsbau –
Neue Gebäudetechnologien in Trocken-
und Leichtbauweise, Vieweg Verlag,
Wiesbaden 2000

Gipsdatenbuch des Bundesverbands der
Gipsindustrie, Darmstadt 2006

Tichelmann, K.:
Tragverhalten von hybriden Systemen in
Leichtbauweise mit Gipswerkstoffplatten,
Kölner Wissenschaftsverlag, Köln 2006

Pfau, J.:
Befestigungstechnik mit ballistischen Ver-
bindungsmitteln, mensch & buch verlag,
Berlin 2007

Tichelmann/Ohl:
Wärmebrückenatlas,
Rudolf Müller Verlag, Köln 2005

Krämer/Pfau/Tichelmann:
Handbuch der Sanierungen,
Knauf Gips KG, Iphofen 2002

Eisele/Staniek:
Bürobauatlas, Callwey Verlag,
München 2005

Hegger, M., Auch-Schwelk, V., Fuchs, M.,
Rosenkranz, T.: Baustoff-Atlas, Institut für
internationale Architektur-Dokumentation
GmbH & Co. KG, München 2005

Dokumentation 560, Häuser in Stahlleichtbauweise, Stahl-Informationszentrum,
Düsseldorf 2002

Dokumentation 591, Bauen im Bestand –
Lösungen in Stahlleichtbauweise, Stahl-
Informationszentrum, Düsseldorf 2007

*Schriften des Bundesverbands für
Gipsplatten (Merkblätter von IGG)*

IGG Merkblatt 1:
Baustellenbedingungen, Bundesverband
der Gipsindustrie, Darmstadt 2007

IGG Merkblatt 2:
Verspachtelung von Gipsplatten – Ober-
flächengüten, Bundesverband der Gipsindustrie, Darmstadt 2007

IGG Merkblatt 3:
Gipsplattenkonstruktionen Fugen und
Anschlüsse, Bundesverband der Gips-
industrie, Darmstadt 2004

IGG Merkblatt 4:
Regeldetails zum Wärmeschutz, Moder-
nisierung mit Trockenbausystemen,
Bundesverband der Gipsindustrie,
Darmstadt 2006

IGG Merkblatt 5:
Bäder und Feuchträume im Holzbau
und Trockenbau, Bundesverband der
Gipsindustrie, Darmstadt 2006

IGG Merkblatt 6:
Trockenbauflächen aus Gipsplatten zur
weitergehenden Oberflächenbeschichtung bzw. -bekleidung, Bundesverband
der Gipsindustrie, Darmstadt 2006

IGG Merkblatt 7:
CE-Kennzeichnung von Gipsplatten,
Bundesverband der Gipsindustrie,
Darmstadt

Anhang

Sachregister

Abdichtungssystem 84ff.
Abhänger 12, 16, 19, 40f., 45ff., 49f., 53f.
Abschottung, brandschutztechnisch 27, 29, 31, 46, 63f., 67f.
Absorberschott 43, 63, 66f.
Anker 20, 32
Anschluss 31f., 36ff., 44ff., 48, 58, 64, 88f., 103f.
- bauakustisch 31
- elastisch 32ff.
- gleitend 29, 32, 36ff., 44f.
- starr 32, 44
- Wand an Wand 30, 33, 36f.
Anschlussfuge 44, 87f.
Anschlusssystem 32
Ansetzgips 20
Armatur 89
Aussteifungsprofil 11f., 26, 50, 53

Bad 87
Badmodul 84
Bandrasterdecke 50ff.
Bauplatte, zementgebunden 15f., 85, 87
Bauraster 23
Baustoff 7ff., 11ff., 29, 37, 40, 61, 68, 75, 85
Beanspruchungsklasse 84, 87
Befestigungselement 20
Befestigungspunkt 23
Bekleidung, metallisch 16, 40
Belag 58, 64, 68, 84
- keramisch 13, 58, 80, 86f.
Beplankung 11f., 14, 20, 23f., 26f., 31ff., 36ff., 41, 43f., 46, 53, 59, 70, 80, 86ff., 102
Bewegungsfuge 31, 38f., 44
Biegeform 76
Bleifolie 14, 37
Bleifolieneinlage 37
Boden 11, 22f., 37, 60, 68, 95f.
- anschluss 31
- system 19, 29, 56ff., 60, 62, 68, 73
Bogen 12, 14, 40, 43, 78, 96, 100
Brandschutz 7f., 11, 17f., 22, 27, 36f., 39, 42, 59, 66f.
Brandschutzbekleidung 8, 69ff.
Brandschutzplatte 17

Calciumsilikatplatte 17

Dämmstoff 18f., 28
Dampfbremse 34
Decken 12, 20, 26, 31, 34, 38, 41, 44, 53, 65, 79, 96, 100
- anschluss 24, 31, 38f., 42, 44, 92
- anschluss, gleitend 37f., 45
- anschlussprofil 24, 38f.
- bauart 42
- bekleidung 11, 13, 19, 38ff., 55, 59
- durchbiegung 38f.

- segel 77
- system 8, 40ff., 48f., 52f., 73
Decklage 12ff., 40ff., 47, 49, 53, 55, 80
Dehnungsfuge 31, 45, 59, 63
Dichtband 16, 86ff.
Dichtmanschette 89
Direktabhänger 41, 103
Doppelbodenplatte 60ff.
Doppelbodensystem 60
Doppelständerwand 22f., 26ff., 33f., 38
Dübel 16, 20, 32f., 43, 71, 103
Dünnbettmörtel 86
Durchdringung 28, 89
Duschtasse 83, 87, 89

Ebenheitstoleranz 84
Eckverbindung 88
Einbaubereich 25
Einbauhöhe 26, 58, 60
Einbauten 16, 22, 28f., 32, 43, 46ff., 53, 66
Einfachständerwand 22f., 26, 28ff., 39
E-Kabelkanal 70
Epoxidharzklebstoff 80
Estrich, schwimmend 37f., 42, 59

Falttechnik 14, 77
Faltwand 25
Feuchtigkeitsbeanspruchung 83f., 86, 87
Feuchtigkeitsbeanspruchungs-
klasse 83, 87
Feuchtraum 13, 15f., 54f., 59, 83ff.
Feuchtraumplatte 15
Feuerwiderstand 9, 13ff., 19, 24ff., 27, 31f., 39, 42, 53f., 59, 61f., 66ff.
Feuerwiderstandsklasse 24f., 27, 31, 39, 42, 59, 61f., 66, 68ff.
Flächenabdichtung 86, 88f.
Flächenheizsystem 77
Flexibilität 7, 29, 31f., 57
Flüssigfolie 86
Formänderung 13, 85, 87
Formteil 76, 78f., 92, 95f., 100, 105
Fugen
- abzeichnung 79
- deckstreifen 20, 80
- kleber 20, 88
- profil 30, 44, 63f.
Fußbodenheizung 59, 61, 63f., 103

Gestaltung 25, 41, 43, 73ff., 94
Gipsbauplatte 12, 43
Gipsfaserplatte 14, 17, 59, 61, 73, 85, 103
Gipskartonplatte 13f., 103
Gipsplatte 13f., 44f., 85, 87
Glasfeld 25
Glastrennwandsystem 24f.
Grundprofil 40, 43f., 49f.
Grundverspachtelung 79f.

Hartschaumplatte, zementgebunden 48, 85, 87
Höhenausgleich 19, 40, 57f.
Höhenversatz 46f.
Hohlraum 22, 56, 63, 66ff.
- bodensystem 60
- dämpfung 19, 46
- dübel 20, 33
Holzwerkstoffplatte 9, 11, 14f., 17, 29, 41, 58f., 61, 87, 95

I-Kabelkanal 70f.
Innendämmung 34
Installationen 22f., 27ff., 32, 41ff., 50ff., 58, 89, 95
Installationskanal 70
Installationssystem 22, 84
Installationswand 22f., 84

Kabelkanal 70f.
Klammer 13ff., 17, 19ff., 25, 30, 69, 71
Klemmsystem 50
Kondensatbildung 89
Konsollast 20, 22, 25ff., 32
Konstruktionsgewicht 25
Konstruktionsprinzip 8, 105
Korrosionsschutz 11
Kühldecke 55
Kühlsystem 77
Kuppel 81, 105

Lackierung 83
Lacktapete 83
Ladung, elektrostatisch 68
Lamellendecke 41, 54f., 84
Lastansätze für das Eigengewicht 26
Lastzuschlag 26
Leichtbauweise 7, 9, 42, 102
Lichtrasterdecke 54
L-Kanal 71
Lüftungskanal 15
Lüftungssystem 63

Masse, flächenbezogen 29
Massivwand 34, 37
Materialleichtbau 8
Metall
- kassette 17, 48f., 51, 53f., 61
- profil 11, 19, 22, 33, 95
- ständerwand 39, 44
- tapete 83
Mineralfaserplatte 16f., 41, 48ff., 53, 55, 59, 69
Mischbeplankung 86
Monoblockwand 24f.

Nachhallzeit 13, 43
Nagel 13, 19, 21, 29
Nebenweg 29
Noniusabhänger 39, 41

Anhang

Oberfläche	5f., 11ff., 18, 20, 22, 24ff., 30, 32, 34, 40, 43, 48, 54, 56, 58, 60, 68, 73ff., 77ff., 92, 96, 100f., 105
Oberflächenanforderung	5, 79ff., 100
Oberflächengüte	79
Oberputz	81f.
Paneeldecke	41, 54
Parkett	58f., 62, 103
Plattenschott	30, 42f., 46
Plattenstreifen	22f., 36ff., 44f., 58, 70
Primärdichtung	88f.
Profilfaktor	69
Qualitätsstufe	79ff., 100
Rasterdecke	49ff.
Rastermaß	23, 56, 60f.
Raumakustik	16ff., 42, 53, 75
Reduzieranschluss	36f.
Revisionsöffnung	46, 49, 71
Rohboden	56f., 60, 63
Rohrleitung	29, 60, 63, 69, 89
Rotunde	76
Sanitärobjekt	86ff.
Sanitärtragständer	87
Sanitärzelle	84, 87
Schachtwand	22f., 28, 84
Schale	24, 28f., 76
Schalenbauweise	25
Schalenwand	24
Schall	
- absorption	14, 18f., 29, 41, 43, 55, 73, 78
- dämmung	23, 25, 28f., 33, 37, 39, 73
- dämmwert	24f., 37
- längsdämmmaß	30, 33, 67
- längsdämmung	32f., 37, 46, 61
- längsleitung	30ff., 37, 42, 46, 65f.
- reflexion	43
- schutz	9, 14, 17ff., 27f., 31, 37, 43, 46, 59, 65
- schutzsonderprofil	28f.
Schattenfuge	29, 34ff., 44f., 50, 92
Schaumstoffdichtband	88
Schiebewand	25
Schnellabhänger	41f.
Schnellbauschraube	19, 21, 33, 71
Schüttung	18f., 57ff., 97
Sekundärdichtung	88f.
Setzbolzen	20
Sockelbereich	37f.
Sonderverspachtelung	79ff.
Spachtelmasse	20, 34
Spritzwasserbereich	86ff.
Ständer	11, 13, 22f., 26ff., 39, 68, 87, 102
- abstand	26, 29, 46, 86
- wand	10, 22ff., 34, 36, 38f., 67, 78
Stoß	26f., 58f.
- hart	26
- weich	26
Stoßlast	25f.
Streiflicht	79, 81f., 100f.
Strukturleichtbau	8f.
Stuccolustro	82
Stützenbekleidung	69ff.
Stützenfuß	60, 62, 64, 66
Systemleichtbau	8f., 76
Systemtrennwand	22, 29
Technotrant	63
Tonne	75ff., 96
Tonnenschale	77
Trägerbekleidung	69ff.
Tragfähigkeitsklasse	40, 64
Tragprofil	40ff., 48ff., 54, 71, 91
Tragständer	26
Transportgewicht	24
Traverse	20, 26, 64
Trennfuge	33, 36ff., 46
Trennprofil	31ff., 38f., 44, 47
Trennstreifen	34, 38
Trennwand	26, 28, 30ff., 42, 67
- umsetzbar	16, 22, 24, 29
- system	22, 28, 29
Trittschall	69
- dämmung	18f., 38, 56, 65ff., 88, 103
- schutz	19, 42, 57, 59
- verbesserungsmaß	59, 67
Trockenestrich	17, 56ff., 84, 88
Trockenestrichsystem	38, 56, 59
Trockenputz	34, 38
Trockenschüttung	57f., 61
Trockenunterboden	56ff., 61
T-Stoß	27, 30, 33
T-System	49f.
Unterdecke	20, 29, 31, 38ff., 53, 55
- freitragend	52ff.
- selbstständig	42, 54
Untergrund	58f., 84ff.
Unterkonstruktion	8, 11f., 16, 19ff., 31, 33, 38ff., 60ff., 68ff., 77, 92ff., 100f., 105
Verankerungselement	41
Verbindungsmittel	19, 28, 32, 57, 62, 71
Verbundestrich	37f., 58
Verbundplatte	34
Verformung	11, 33, 40, 44f.
Verkehrslast	26f.
V-Fräsung	77
Vinyltapete	82
Vollholz	12
Vorinstallationssystem	22
Vorsatzschale	11, 15, 22f., 26, 29, 32, 34, 39
Vorwandinstallation	22, 84
Wabendecke	54
Wandanschluss	24, 31ff., 44, 50
- gleitend	23, 36f., 44f.
Wandende, frei stehend	30f., 78
Wandlast	26f.
Wandsystem	8, 22ff., 26f., 29ff.
Wandtrockenputz	20, 23f.
Weitspannprofil	40
Welle	76, 96
Windlast	25f., 37
Z-System	49f.

Bildnachweis

Allen, die durch Überlassung ihrer Bildvorlagen, durch Erteilung von Reproduktionserlaubnis und durch Auskünfte am Zustandekommen des Buches mitgeholfen haben, sagen die Autoren und der Verlag aufrichtigen Dank. Sämtliche Zeichnungen in diesem Werk sind eigens angefertigt. Nicht nachgewiesene Fotos stammen aus dem Archiv der Architekten oder aus dem Archiv der Zeitschrift Detail. Trotz intensivem Bemühen konnten wir einige Urheber der Fotos und Abbildungen nicht ermitteln, die Urheberrechte sind aber gewahrt. Wir bitten um dementsprechende Nachricht.

Seite 9, 25, 38, 42:
Knauf Gips KG, Iphofen

Seite 12:
Klaus Frahm/artur, Essen

Seite 13:
Christoph von Hausen/artur, Essen

Seite 15:
Roland Halbe/artur, Essen

Seite 16, 37, 45, 79 Mitte, 105:
Saint-Gobain Rigips GmbH, Düsseldorf

Seite 28 links, 29:
Mänz & Krauss Ausbau GmbH, Berlin

Seite 27, 55, 64, 73, 78 unten, 81:
VHT – Versuchsanstalt für Holz und Trockenbau, Darmstadt

Seite 28:
Thomas Mayer/Saint-Gobain Rigips GmbH, Düsseldorf

Seite 35, 96:
Knauf Gips KG/Thomas Ott, Iphofen

Seite 47:
Christoph Kraneburg, Köln

Seite 48, 52, 53:
Suckow & Fischer Systeme GmbH & Co. KG, Biebesheim

Seite 49, 51:
Knauf AMF, Iphofen

Seite 57:
Xella Fermacell, Duisburg

Seite 61, 62, 63:
Mero – TSK, Würzburg

Seite 67, 68:
Georg Wiesenzarter, Töging

Seite 74, 75:
diephotodesigner.de, Berlin

Seite 76:
Frank Kaltenbach, München

Seite 77 Mitte, 99:
Knauf Gips KG, Iphofen/Galanti, Berlin

Seite 92, 93, 94:
Emanuel Raab, Wiesbaden

Seite 95:
Bitter + Bredt, Berlin

Seite 97:
Lafarge Gips GmbH, Oberursel

Seite 98, 100, 101:
Knauf Gips KG, Iphofen/
Hiepler und Brunier,
Berlin

Seite 102, 103, 104:
Dipl.-Ing. Architekt Frank Kramarczyk

Rubrikeinführende Fotos

Seite 6:
Frank Kaltenbach, München

Seite 10:
Hisao Suzuki, Barcelona

Seite 72:
diephotodesigner.de, Berlin

Seite 90:
Knauf Gips KG/Thomas Ott, Iphofen

Seite 106:
Lafarge Gips GmbH, Oberursel